今すぐ使える かんたん PowerPoint 2019

Imasugu Tsukaeru Kantan Series : PowerPoint 2019

技術評論社

本書の使い方

- ● 画面の手順解説だけを読めば、操作できるようになる！
- ● もっと詳しく知りたい人は、両端の「側注」を読んで納得！
- ● これだけは覚えておきたい機能を厳選して紹介！

特長 1
機能ごとにまとまっているので、「やりたいこと」がすぐに見つかる！

● **基本操作**
赤い矢印の部分だけを読んで、パソコンを操作すれば、難しいことはわからなくても、あっという間に操作できる！

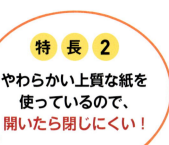
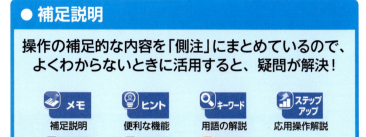
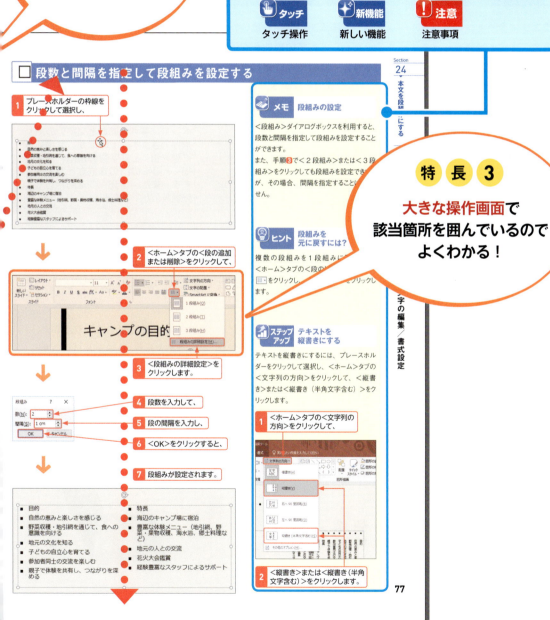

PowerPoint 2019の新機能

● PowerPoint 2019では、インクエディターによる手書きの文字の挿入や編集操作ができるようになりました。そのほか、アイコンや3Dモデルの挿入、プレゼン中の「ズーム」機能や、画面切り替え効果の変形などができるようになりました。

1 インクエディターで編集操作を行う

インクエディターとは、デジタルペンを使って画面上に文字を書いたり、囲んだりと言ったジェスチャを行うことで、文字の編集を行える機能です。なお、すべての機能を利用するには、ペンとペン入力が可能なパソコンが必要です。また、パソコンによっては＜描画＞タブが非表示になっている場合があります。その場合は、P.312の方法で、＜リボンのユーザー設定＞の＜描画＞タブをオンにしてください。

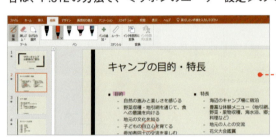

ペンで文字列を囲むと文字列の選択ができます。そのほか、文字列に線を引くと文字列の削除、円を描くと図形の円の作成などができます。また、蛍光ペンを利用して強調表示ができます。

2 アイコンや3Dモデルを挿入できる

マークなどのシンプルなイラスト（ピクトグラム）をアイコンとして挿入できます。文章で説明するよりも、アイコンでわかりやすいプレゼンテーションにできます。
また、3Dモデルを挿入することができます。PowerPointのオンラインソースには、絵文字やエレクトロニクス、ガジェットなどのカテゴリー別に分類されたモデルがそろっています。挿入された3Dモデルは、さまざまな角度で表示できます。

▼ アイコン

アイコンが人物やビジネスなど26のカテゴリー別に分類されています。

▼ 3Dモデル

3Dモデルを挿入して、回転できます。

3 「ズーム」で特定のスライドに移動できる

プレゼンテーション中に特定のスライドに移動できる機能です。「サマリーズーム」、「セクションズーム」、「スライドズーム」の3種類があります。「ズーム」は＜挿入＞タブから追加できます。

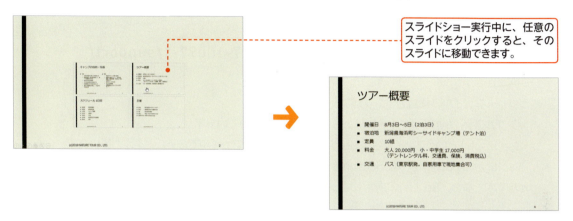

スライドショー実行中に、任意のスライドをクリックすると、そのスライドに移動できます。

4 画面切り替え効果でオブジェクトをかんたんに変形できる

画面切り替え効果（Sec.81参照）の「変形」を利用すると、オブジェクトの移動やサイズ変更、変形などのアニメーションを設定することができます。

変形前と変形後の2枚のスライドを作成して、画面切り替え効果の「変形」を適用するだけで、アニメーションが設定されます。

新機能 その他の新機能

新機能	概要
SVGファイルを図形に変換	SVGファイルとは、点と座標とそれを結ぶ点で再現される画像（ベクターデータ）です。前ページで紹介した「アイコン」もSVGファイルです。図形に変換すると、個々のパーツに分けられるので、個別に位置やサイズ、色を変更できます。

サンプルファイルのダウンロード

● **サンプルファイルをダウンロードするには**
本書では操作手順の理解に役立つサンプルファイルを用意しています。サンプルファイルは、Microsoft Edgeなどのブラウザーを利用して、以下のURLのサポートページからダウンロードすることができます。ダウンロードしたときは圧縮ファイルの状態なので、展開してから使用してください。

　　https://gihyo.jp/book/2019/978-4-297-10097-1/support/

● **サンプルファイルの構成とサンプルファイルについて**
サンプルファイルのファイル名には、Section番号が付いています。
「Sec15.pptx」というファイル名はSection 15のサンプルファイルであることを示しています。また、「Sec15_after.pptx」のようにSection番号のあとに「after」の文字があるファイルは、操作後のファイルです。なお、Sectionの内容によってはサンプルファイルがない場合もあります。

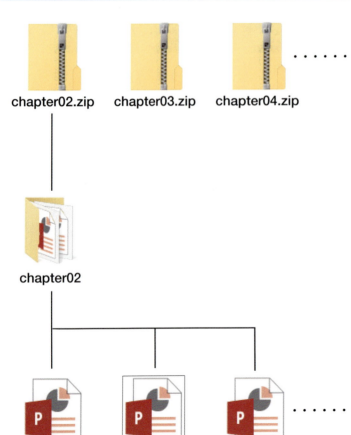

P.7を参考に、サンプルファイルをダウンロードして、展開します。サンプルファイルは章ごとに分かれています。なお、サンプルがない章もあります。

章のフォルダーには、Section番号が付いたサンプルファイルが入っています。Sectionによってはサンプルファイルがない場合もあります。

▼ サンプルファイルをダウンロードする

1 ブラウザーを起動します。

2 ここをクリックしてURLを入力し、Enterを押します。

3 表示された画面をスクロールして、

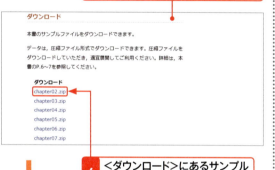

4 <ダウンロード>にあるサンプルファイルをクリックします。

5 ファイルがダウンロードされるので、<開く>をクリックします。

▼ ダウンロードした圧縮ファイルを展開する

1 エクスプローラー画面でファイルが開くので、

2 表示されたフォルダーをクリックします。

3 <展開>タブをクリックして、

4 <デスクトップ>をクリックすると、

5 ファイルが展開されます。

 保護ビューが表示された場合

サンプルファイルを開くと、図のようなメッセージが表示されます。<編集を有効にする>をクリックすると、本書と同様の画面表示になり、操作を行うことができます。

目次

第1章 PowerPoint 2019の基本操作

Section 01　PowerPointとは　24
　プレゼンテーション用の資料を作成する
　プレゼンテーションを実行する

Section 02　PowerPoint 2019を起動／終了する　26
　PowerPoint 2019を起動する
　PowerPoint 2019を終了する

Section 03　PowerPoint 2019の画面構成　28
　PowerPoint 2019の基本的な画面構成
　プレゼンテーションの構成
　スライドの表示を切り替える

Section 04　PowerPoint 2019の表示モード　30
　表示モードを切り替える
　表示モードの種類

Section 05　リボンの基本操作　32
　リボンを切り替える
　ダイアログボックスを表示する
　リボンの表示を切り替える
　タッチモードに切り替える

Section 06　操作を元に戻す・やり直す　36
　操作を元に戻す・やり直す
　操作を繰り返す

Section 07　本書でのプレゼンテーションの作り方　38
　スライドに文字列を入力する
　書式を設定する
　図形や画像などを挿入する
　アニメーションを設定する
　プレゼンテーションを実行する

Section 08　操作に困ったときは？　40
　操作アシストを利用する

第2章 スライド作成の基本

Section 09　新しいプレゼンテーションを作成する　42
　起動直後の画面から新規プレゼンテーションを作成する

Section 10　タイトルのスライドを作成する　44
　プレゼンテーションのタイトルを入力する
　サブタイトルを入力する

Section 11　スライドを追加する　46
　新しいスライドを挿入する
　スライドのレイアウトを変更する

| Section 12 | スライドの内容を入力する | 48 |

スライドのタイトルを入力する
スライドのテキストを入力する

| Section 13 | スライドの順序を入れ替える | 50 |

スライドサムネイルでスライドの順序を変更する
スライド一覧表示モードでスライドの順序を変更する

| Section 14 | スライドを複製／コピー／削除する | 52 |

プレゼンテーション内のスライドを複製する
他のプレゼンテーションのスライドをコピーする
スライドを削除する

| Section 15 | プレゼンテーションを保存する | 56 |

名前を付けて保存する

| Section 16 | プレゼンテーションを閉じる | 58 |

プレゼンテーションを閉じる

| Section 17 | プレゼンテーションを開く | 60 |

<ファイル>タブからプレゼンテーションを開く
エクスプローラーからプレゼンテーションを開く

| Section 18 | プレゼンテーションのテーマを変更する | 62 |

テーマを変更する
バリエーションを変更する

| Section 19 | 配色や背景を変更する | 64 |

配色を変更する
背景のスタイルを変更する
スライドの背景に画像を設定する

第3章 文字の編集／書式設定

| Section 20 | 段落の行頭記号を変更する | 68 |

行頭記号の種類を変更する

| Section 21 | フォントの種類やサイズを変更する | 70 |

フォントの種類を変更する
フォントサイズを変更する

| Section 22 | 見出しと本文のフォントの組み合わせを変更する | 72 |

フォントパターンを変更する

| Section 23 | フォントの色やスタイルを変更する | 74 |

フォントの色を変更する
文字列にスタイルを設定する

| Section 24 | 本文を段組みにする | 76 |

<自動調整オプション>から2段組みにする
段数と間隔を指定して段組みを設定する

目次

| Section 25 | 段落レベルとインデントを調整する | 78 |

段落レベルを下げる
行頭の位置（インデント）を調整する

| Section 26 | タブの位置を調整する | 80 |

タブ位置を設定する

| Section 27 | 段落の配置や行の間隔を変更する | 82 |

段落の配置を変更する
行の間隔を変更する

| Section 28 | スライドの好きな場所に文字を入力する | 84 |

テキストボックスを作成する
テキストボックスの塗りつぶしの色を変更する

| Section 29 | すべてのスライドに会社名や日付を入れる | 86 |

フッターを挿入する

| Section 30 | ワードアートで文字を装飾する | 88 |

文字列にワードアートスタイルを設定する

第 4 章　図形の作成

| Section 31 | PowerPoint 2019で作成できる図形 | 92 |

さまざまな図形を作成できる
図形に文字列を入力できる
グリッド線を表示する

| Section 32 | 線を描く | 94 |

直線を描く
曲線を描く

| Section 33 | 矢印を描く | 96 |

矢印を描く
ブロック矢印を描く

| Section 34 | 図形を描く | 98 |

既定の大きさの図形を作成する
任意の大きさの図形を作成する

| Section 35 | 複雑な図形を描く | 100 |

フリーフォームで多角形を描く
コネクタで2つの図形を結合する

| Section 36 | 図形を移動／コピーする | 102 |

図形を移動する
図形をコピーする

| Section 37 | 図形の大きさや形状を変更する | 104 |

図形の大きさを変更する
図形の形状を変更する

Section	タイトル	ページ
Section 38	図形を回転／反転する	106
	図形を回転する	
	図形を反転する	
Section 39	図形の線や色を変更する	108
	線の太さを変更する	
	線や塗りつぶしの色を変更する	
Section 40	図形にグラデーションやスタイルを設定する	110
	グラデーションを設定する	
	スタイルを設定する	
Section 41	図形に文字列を入力する	112
	作成した図形に文字列を入力する	
	文字列の書式を変更する	
Section 42	図形の重なり順を調整する	114
	図形の重なり順を変更する	
Section 43	図形の配置を調整する	116
	複数の図形を等間隔に配置する	
	複数の図形を整列させる	
Section 44	図形を結合／グループ化する	118
	複数の図形を結合する	
	複数の図形をグループ化する	
Section 45	SmartArtとは	120
	豊富なレイアウト	
	SmartArtの使用例	
Section 46	SmartArtで図表を作成する	122
	SmartArtを挿入する	
	SmartArtに文字列を入力する	
Section 47	SmartArtに図形を追加する	124
	同じレベルの図形を追加する	
	レベルの異なる図形を追加する	
Section 48	SmartArtのスタイルを変更する	126
	SmartArtのスタイルを変更する	
	色を変更する	
Section 49	テキストをSmartArtに変換する	128
	テキストをSmartArtに変換する	
	SmartArtをテキストに変換する	
Section 50	SmartArtを図形に変換する	130
	SmartArtを図形に変換する	
	図形を個別にサイズ変更する	
Section 51	既定の図形に設定する	132
	図形の既定の書式を変更する	

目次

第5章 表やグラフの作成

Section 52　表を作成する　134
表を挿入する
表のスタイルを設定する

Section 53　セルに文字を入力する　136
セルに文字を入力する
文字列の配置を調整する

Section 54　行や列を追加／削除する　138
列を追加する
列を削除する

Section 55　行の高さや列の幅を調整する　140
列の幅を調整する
行の高さを揃える

Section 56　セルを結合／分割する　142
セルを結合する
セルを分割する

Section 57　罫線の種類や色を変更する　144
罫線の書式を変更する

Section 58　表のサイズや位置を調整する　146
表のサイズを調整する
表の位置を調整する

Section 59　Excelの表を挿入する　148
表をそのまま貼り付ける
Excelとリンクした表を貼り付ける

Section 60　グラフを作成する　150
作成可能なグラフの種類
グラフの構成要素

Section 61　グラフのデータを入力する　152
グラフを挿入する
データを入力する

Section 62　グラフの表示項目を調整する　154
グラフ要素の表示／非表示を切り替える
グラフの数値データを表示する

Section 63　グラフの軸の設定を変更する　158
グラフの軸の設定を変更する

Section 64　グラフのデザインを変更する　160
グラフスタイルを変更する
グラフ全体の色を変更する

| Section 65 | Excelのグラフを貼り付ける | 162 |

グラフを貼り付ける
Excelとリンクしたグラフを貼り付ける

第6章 画像や動画などの挿入

| Section 66 | 画像を挿入する | 166 |

パソコン内の画像を挿入する

| Section 67 | スクリーンショットを挿入する | 168 |

スクリーンショットを挿入する
指定した領域のスクリーンショットを挿入する

| Section 68 | 画像をトリミングする | 170 |

トリミングする
形状を決めてトリミングする

| Section 69 | 画像をレタッチする | 172 |

明るさやコントラストを調整する
シャープネスを調整する
アート効果を設定する

| Section 70 | 画像の背景を削除する | 176 |

画像の背景を削除する

| Section 71 | 画像にスタイルを設定する | 178 |

スタイルを設定する
効果を設定する

| Section 72 | 音楽を挿入する | 180 |

パソコン内の音楽を挿入する

| Section 73 | 動画を挿入する | 182 |

パソコン内の動画を挿入する

| Section 74 | 動画をトリミングする | 184 |

表示画面をトリミングする
表示時間をトリミングする

| Section 75 | 動画をレタッチする | 188 |

明るさやコントラストを調整する
スタイルを設定する

| Section 76 | 動画の音量を調整する | 190 |

音量を調整する
フェードイン／フェードアウトを設定する

| Section 77 | 動画に表紙を付ける | 192 |

表紙を付ける

| Section 78 | WordやPDFの文書を挿入する | 194 |

スライドにファイルを挿入する

目次

Section 79 ハイパーリンクを挿入する　196
　ハイパーリンクを挿入する

Section 80 動作設定ボタンを挿入する　198
　動作設定ボタンを挿入する

第7章 アニメーションの設定

Section 81 スライドの切り替え時にアニメーション効果を設定する　202
　画面切り替え効果を設定する
　効果のオプションを設定する
　画面切り替え効果を確認する
　画面切り替え効果を削除する

Section 82 スライド切り替えのアニメーション効果を活用する　206
　画面切り替え効果のスピードや時間を設定する
　スライドが切り替わるときに効果音を出す

Section 83 テキストや図形にアニメーション効果を設定する　208
　アニメーション効果を設定する
　アニメーション効果の方向を変更する
　アニメーションのタイミングや速度を変更する
　アニメーション効果を確認する

Section 84 テキストの表示方法を変更する　212
　テキストが文字単位で表示されるようにする
　一度に表示されるテキストの段落レベルを変更する

Section 85 SmartArtにアニメーションを設定する　216
　SmartArtにアニメーションを設定する

Section 86 グラフにアニメーションを設定する　218
　グラフ全体にアニメーション効果を設定する
　グラフの項目表示にアニメーションを設定する

Section 87 指定した動きでアニメーションさせる　222
　アニメーションの軌跡を設定する
　アニメーションの軌跡を描く

Section 88 アニメーション効果をコピーする　226
　アニメーション効果をコピーする

Section 89 アニメーション効果を活用する　228
　テキストを1文字ずつ徐々に表示させる
　文字が拡大表示されたあとに小さくなって消えるようにする
　行頭から順に文字の色を変える
　オブジェクトを半透明にする
　矢印が伸びるように表示させる
　折れ線グラフの線を徐々に表示させる

第8章 プレゼンテーションの実行

Section 90	プレゼンテーション実行の流れ	232
	プレゼンテーションの準備を行う スライドショーを実行する	
Section 91	発表者用のメモをノートに入力する	234
	ノートウィンドウにノートを入力する ノート表示モードに切り替える	
Section 92	スライドショーにナレーションを付ける	236
	ナレーションを録音する	
Section 93	スライド切り替えのタイミングを設定する	238
	リハーサルを行って切り替えのタイミングを設定する	
Section 94	発表者ツールを使ってスライドショーを実行する	240
	発表者ツールを実行する スライドショーを実行する	
Section 95	スライドショーを進行する	242
	スライドショーを進行する	
Section 96	実行中のスライドにペンで書き込む	244
	実行中のスライドにペンで書き込む	
Section 97	スライドショー実行時の応用テクニック	246
	発表中の音声を録音する スライドショーの途中で黒または白の画面を表示する 強調したい部分を拡大表示する 特定のスライドに表示を切り替える スライドショーを自動的に繰り返す 必要なスライドだけを使ってスライドショーを実行する	
Section 98	スライドショー実行時のトラブルシューティング	252
	スライドショーが表示されない場合は? アニメーションが再生されない場合は? 動画が再生されない場合は? PowerPointが反応しなくなった場合は? PowerPointが起動しなくなった場合は? ファイルが破損していた場合は?	
Section 99	オンラインでプレゼンテーションを行う	256
	オンラインプレゼンテーションをアップロードする オンラインプレゼンテーションを実行する	
Section 100	OneDriveに保存してプレゼンテーションを共有する	260
	OneDriveに保存する ユーザーを招待する	

目次

第9章 配布資料の印刷

- Section 101 スライドを印刷する … 264
  - スライドを1枚ずつ印刷する
  - 1枚に複数のスライドを配置して印刷する
- Section 102 ノートを表示した状態で印刷する … 268
  - ノートを印刷する
- Section 103 資料に日付やページ番号を挿入する … 270
  - 配布資料に日付とページ番号を印刷する
- Section 104 スライドのアウトラインを印刷する … 272
  - アウトラインを印刷する
- Section 105 プレゼンテーションをムービーで配布する … 274
  - プレゼンテーションのビデオを作成する
  - ビデオを再生する
- Section 106 プレゼンテーションをPDFで配布する … 276
  - PDFで保存する

第10章 スライドマスターを利用したオリジナルのテーマの作成

- Section 107 スライドマスター機能とは … 270
  - すべてのスライドをまとめて変更する
  - スライドマスターの構成
- Section 108 すべてのスライドの書式を統一する … 282
  - スライドマスター表示に切り替える
  - スライドマスターで書式を変更する
- Section 109 スライドマスターを追加する … 284
  - スライドマスターを挿入する
  - スライドマスターにテーマを適用する
- Section 110 スライドのレイアウトを追加する … 286
  - 新しいレイアウトを挿入する
  - プレースホルダーを挿入する
- Section 111 プレースホルダーの大きさや位置を変更する … 288
  - プレースホルダーの大きさを変更する
  - プレースホルダーの位置を変更する
- Section 112 スライドマスターで背景を設定する … 290
  - スライドの背景を変更する
- Section 113 すべてのスライドに会社のロゴを入れる … 292
  - 会社のロゴの画像ファイルを挿入する

| Section 114 | **テーマとして保存する** | 294 |

テーマを保存する
オリジナルのテーマで新規プレゼンテーションを作成する

第11章 アウトライン機能を利用したプレゼンテーションの作成

| Section 115 | **アウトライン機能とは** | 298 |

アウトライン機能を利用したプレゼンテーション作成の流れ
アウトライン表示モードに切り替える

| Section 116 | **プレゼンテーションの全体像を作成する** | 300 |

プレゼンテーションのタイトルを入力する
スライドタイトルを入力する

| Section 117 | **スライドの内容を入力する** | 302 |

プレゼンテーションのサブタイトルを入力する
スライドのテキストを入力する

| Section 118 | **段落レベルを変更する** | 304 |

段落レベルを下げる

| Section 119 | **スライドの順序を入れ替える** | 306 |

スライドの順序を変更する

| Section 120 | **Wordのアウトラインからスライドを作成する** | 308 |

Word文書にアウトラインレベルを設定する
アウトラインからスライドを作成する

```
Appendix 1  1枚企画書の作成                                310
Appendix 2  リボンのカスタマイズ                           312
Appendix 3  クイックアクセスツールバーのカスタマイズ         314
索引                                                      316
```

パソコンの基本操作

- 本書の解説は、基本的にマウスを使って操作することを前提としています。
- お使いのパソコンのタッチパッド、タッチ対応モニターを使って操作する場合は、各操作を次のように読み替えてください。

1 マウス操作

▼クリック（左クリック）

クリック（左クリック）の操作は、画面上にある要素やメニューの項目を選択したり、ボタンを押したりする際に使います。

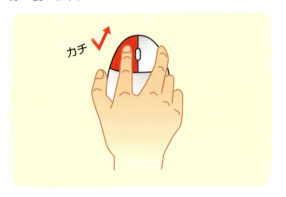

マウスの左ボタンを1回押します。

タッチパッドの左ボタン（機種によっては左下の領域）を1回押します。

▼右クリック

右クリックの操作は、操作対象に関する特別なメニューを表示する場合などに使います。

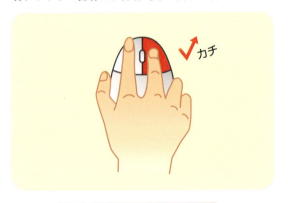

マウスの右ボタンを1回押します。

タッチパッドの右ボタン（機種によっては右下の領域）を1回押します。

▼ ダブルクリック

ダブルクリックの操作は、**各種アプリを起動したり、ファイルやフォルダーなどを開く際に使います。**

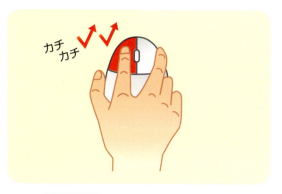

マウスの左ボタンをすばやく2回押します。

タッチパッドの左ボタン（機種によっては左下の領域）をすばやく2回押します。

▼ ドラッグ

ドラッグの操作は、画面上の操作対象を別の場所に移動したり、操作対象のサイズを変更する際などに使います。

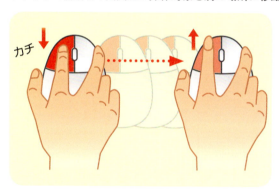

マウスの左ボタンを押したまま、マウスを動かします。目的の操作が完了したら、左ボタンから指を離します。

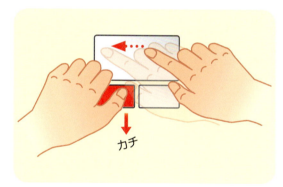

タッチパッドの左ボタン（機種によっては左下の領域）を押したまま、タッチパッドを指でなぞります。目的の操作が完了したら、左ボタンから指を離します。

メモ　ホイールの使い方

ほとんどのマウスには、左ボタンと右ボタンの間にホイールが付いています。ホイールを上下に回転させると、Webページなどの画面を上下にスクロールすることができます。そのほかにも、Ctrlを押しながらホイールを回転させると、画面を拡大／縮小したり、フォルダーのアイコンの大きさを変えることができます。

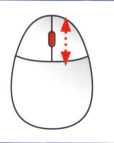

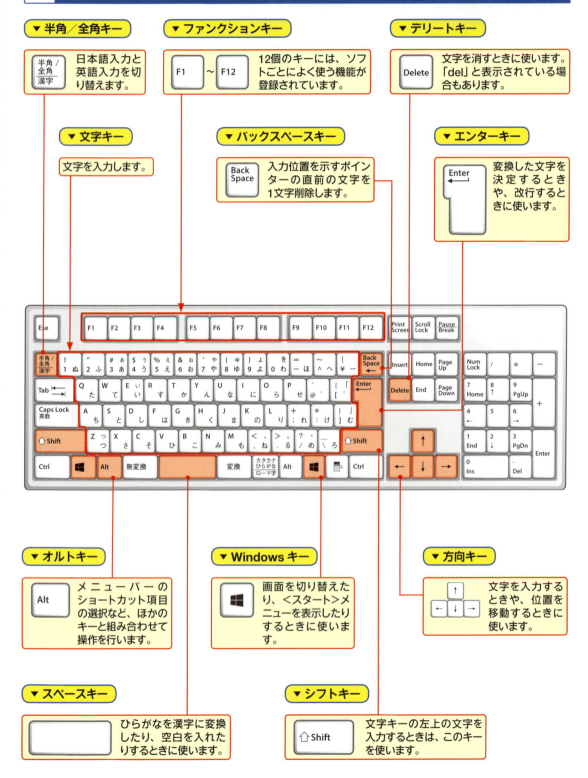

3 便利なショートカットキー

▼コピー

`Ctrl` + `C そ`

選択したテキストやオブジェクトをコピーします。

▼切り取り

`Ctrl` + `X さ`

選択したテキストやオブジェクトを切り取ります。

▼貼り付け

`Ctrl` + `V ひ`

コピーまたは切り取ったテキストやオブジェクトを貼り付けます。

▼すべて選択

`Ctrl` + `A ち`

コピーまたは切り取ったテキストやオブジェクトを貼り付けます。

▼新規作成

`Ctrl` + `N み`

新規プレゼンテーションを作成します。

▼閉じる

`Ctrl` + `W て`

プレゼンテーションを閉じます。

▼名前を付けて保存

`Ctrl` + `N み`

<名前を付けて保存>ダイアログボックスを表示します。

▼上書き保存

`Ctrl` + `S と`

プレゼンテーションを上書き保存します。

▼スライドショー

`F5`

スライドショーを開始します。

▼現在のスライドからスライドショー

`Shift` + `F5`

現在のスライドからスライドショーを開始します。

▼スライドにペンで書き込む

`Ctrl` + `P せ`

スライドショー実行中にスライドにペンで書き込みます。

▼書き込みを消す

`Ctrl` + `E い`

スライドへの書き込みを削除します。

パソコンの基本操作

ご注意：ご購入・ご利用の前に必ずお読みください

- 本書に記載された内容は、情報提供のみを目的としています。したがって、本書を用いた運用は、必ずお客様自身の責任と判断によって行ってください。これらの情報の運用の結果について、技術評論社および著者はいかなる責任も負いません。
- ソフトウェアに関する記述は、特に断りのないかぎり、2019年1月22日現在での最新情報をもとにしています。これらの情報は更新される場合があり、本書の説明とは機能内容や画面図などが異なってしまうことがあり得ます。あらかじめご了承ください。
- 本書の内容は、Windows 10およびPowerPoint 2019で検証を行っています。使用しているパソコンによっては、機能内容や画面図が異なる場合があります。あらかじめご了承ください。
- インターネットの情報については、URLや画面などが変更されている可能性があります。ご注意ください。

以上の注意事項をご承諾いただいた上で、本書をご利用願います。これらの注意事項をお読みいただかずに、お問い合わせいただいても、技術評論社および著者は処しかねます。あらかじめご承知おきください。

■本書に掲載した会社名、プログラム名、システム名などは、米国およびその他の国における登録商標または商標です。本文中では™、®マークは明記していません。

Chapter 01

第1章

PowerPoint 2019の基本操作

Section		
	01	PowerPointとは
	02	PowerPoint 2019を起動／終了する
	03	PowerPoint 2019の画面構成
	04	PowerPoint 2019の表示モード
	05	リボンの基本操作
	06	操作を元に戻す・やり直す
	07	本書でのプレゼンテーションの作り方
	08	操作に困ったときは？

Section 01 PowerPointとは

覚えておきたいキーワード
- ☑ PowerPoint
- ☑ プレゼンテーション
- ☑ Office

PowerPointは、プレゼンテーションにおいて、スクリーンなどに映し出す資料を作成するためのアプリケーションです。PowerPointを利用すると、グラフや表、アニメーションなどを利用して、「より視覚に訴える」プレゼンテーション用の資料を作成することができます。

1 プレゼンテーション用の資料を作成する

キーワード プレゼンテーション

「プレゼンテーション」は、企画やアイデアなどの特定のテーマを、相手に伝達する手法のことです。一般的には、伝えたい情報に関する資料を提示し、それに合わせて口頭で発表します。

プレゼンテーションの構成を考える

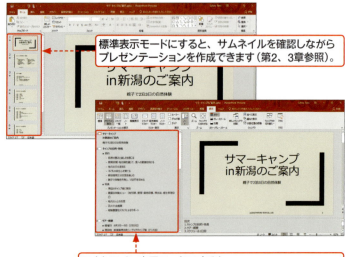

標準表示モードにすると、サムネイルを確認しながらプレゼンテーションを作成できます（第2、3章参照）。

アウトライン表示モードにすると、プレゼンテーションの構成を把握できます（第11章参照）。

視覚に訴える資料を作成する

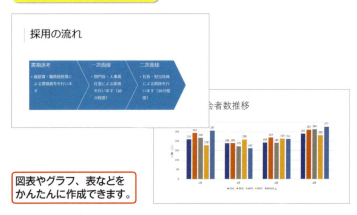

図表やグラフ、表などをかんたんに作成できます。

キーワード PowerPoint 2019

PowerPointは、プレゼンテーションの準備から発表までの作業を省力化し、相手に対して効果的なプレゼンテーションを行うためのアプリケーションです。
「PowerPoint 2019」は、マイクロソフトのビジネスソフトの統合パッケージである「Office」に含まれるソフトです。単体の製品としても販売されているほか、市販のパソコンにあらかじめインストールされていることもあります。

2 プレゼンテーションを実行する

アニメーションで効果的に

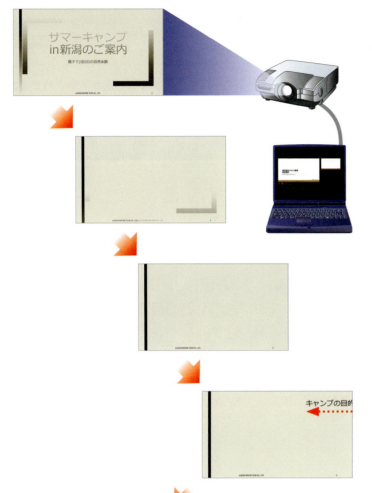

> アニメーションを設定して、画面を切り替えたり、テキストを表示したりできます。

メモ　動きのあるプレゼンテーションに

PowerPointでは、画面を切り替えるときや、テキスト、グラフなどを表示させるときに、アニメーションの設定が可能です。
動きのあるプレゼンテーションで、参加者の注意をひきつけることができます。

メモ　音楽や動画も再生できる

PowerPointでは、プレゼンテーション実行時に音楽や動画を再生することもできます。

メモ　プレゼンテーション実行の操作もかんたん

PowerPointでは、発表者用のツールを使って、かんたんに画面を切り替えたり、テキストを表示させたりすることができます。

Section 02 PowerPoint 2019を起動／終了する

覚えておきたいキーワード
☑ 起動
☑ 終了
☑ スタートメニュー

PowerPoint 2019 を起動するには、スタートメニューを利用するか、プレゼンテーションファイルのアイコンをダブルクリックします。スタートメニューから起動すると、プレゼンテーションのテーマを選択する画面が表示されます。作業が終わったら、PowerPoint 2019 を終了します。

1 PowerPoint 2019 を起動する

メモ ＜よく使うアプリ＞から起動する

スタートメニューの＜よく使うアプリ＞に＜PowerPoint＞が表示されている場合は、それをクリックしても起動できます。

メモ ファイルアイコンをダブルクリックして起動する

デスクトップやフォルダーのウィンドウに表示されている、PowerPoint で作成したファイルのアイコンをダブルクリックすると、PowerPoint 2019 が起動し、そのファイルを開くことができます。

ステップアップ スタート画面やタスクバーから起動できるようにする

手順❸で＜PowerPoint＞を右クリックして、＜スタートにピン留めする＞をクリックすると、スタート画面に PowerPoint 2019 のタイルが表示されます。以降、そのタイルをクリックすることで、PowerPoint 2019 が起動できます。
また、右クリックして、＜その他＞をポイントし、＜タスクバーにピン留めする＞をクリックすると、タスクバーに PowerPoint 2019 のアイコンが表示されます。以降、そのアイコンをクリックすることで、PowerPoint 2019 を起動できます。

1 Windows 10を起動して、

2 ＜スタート＞をクリックし、

3 ＜PowerPoint＞をクリックすると、

4 PowerPoint 2019が起動します。

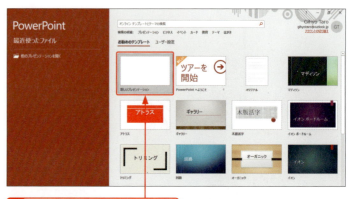

5 ＜新しいプレゼンテーション＞をクリックすると、

6 新規プレゼンテーションが作成されます。

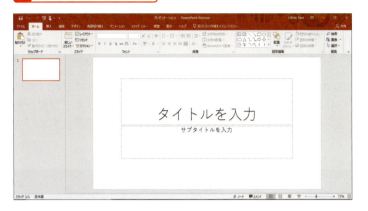

2 PowerPoint 2019 を終了する

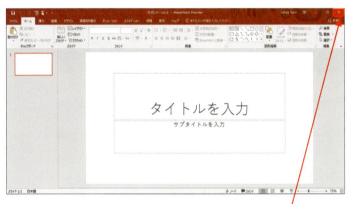

1 <閉じる> をクリックすると、

↓

2 PowerPoint 2019が終了します。

メモ ライセンス認証の手続きが必要

ライセンス認証の手続きを行っていない状態でPowerPoint 2019を起動すると、ライセンス認証の画面が表示されることがあります。その場合、画面の指示に従ってライセンス認証の手続きを行う必要があります。

ヒント プレゼンテーションを保存していない場合

プレゼンテーションの作成や編集を行っていた場合に、ファイルを保存しないでPowerPoint 2019を終了しようとすると、確認のメッセージが表示されます。

保存せずに終了します。

保存して終了します。

終了を取り消します。

Section 03 PowerPoint 2019の画面構成

覚えておきたいキーワード
- ☑ コマンド
- ☑ タブ
- ☑ リボン

PowerPoint 2019の画面上部には、コマンドが機能ごとにまとめられ、タブをクリックして切り替えることができます。また、左側にはスライドの表示を切り替える「サムネイルウィンドウ」、画面中央にはスライドを編集する「スライドウィンドウ」が表示されます。

1 PowerPoint 2019の基本的な画面構成

PowerPoint 2019での基本的な作業は、下図の状態の画面で行います。ただし、作業によっては、タブが切り替わったり、必要なタブが新しく表示されたりします。

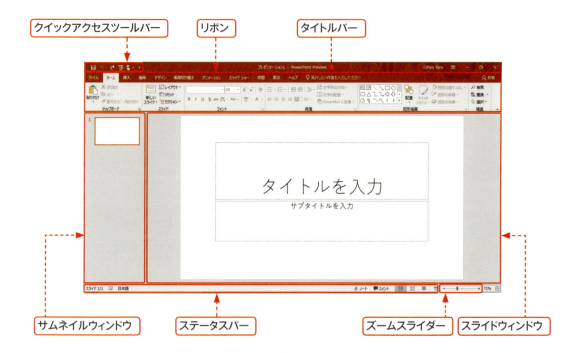

名称	機能
クイックアクセスツールバー	よく使う機能を1クリックで利用できるボタンです。
リボン	PowerPoint 2003以前のメニューとツールボタンの代わりになる機能です。コマンドがタブによって分類されています。
タイトルバー	作業中のプレゼンテーションのファイル名が表示されます。
スライドウィンドウ	スライドを編集するための領域です。
サムネイルウィンドウ	すべてのスライドの縮小版(サムネイル)が表示される領域です。
ステータスバー	作業中のスライド番号や表示モードの変更ボタンが表示されます。
ズームスライダー	画面の表示倍率を変更できます。

2 プレゼンテーションの構成

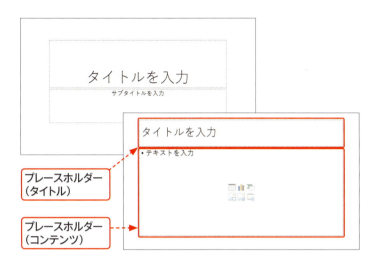

キーワード　プレゼンテーション・スライド・プレースホルダー

PowerPoint 2019では、それぞれのページを「スライド」と呼び、スライドの集まり（1つのファイル）を「プレゼンテーション」と呼びます。
また、スライド上には、タイトルやテキスト（文字列）、グラフ、画像などを挿入するための枠が配置されています。この枠を「プレースホルダー」と呼びます。

3 スライドの表示を切り替える

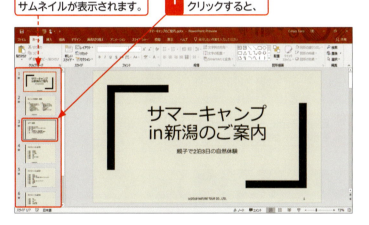

メモ　スライドの表示

ウィンドウ左側のサムネイルウィンドウには、プレゼンテーションを構成するすべてのスライドのサムネイルが表示されます。
表示したいスライドのサムネイルをクリックすると、スライドウィンドウにスライドが表示されます。

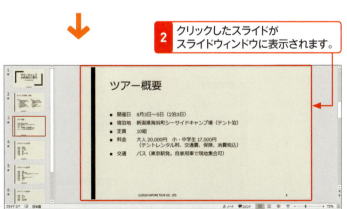

Section 04　PowerPoint 2019の表示モード

覚えておきたいキーワード
☑ 表示モード
☑ 標準表示モード
☑ アウトライン表示モード

PowerPoint 2019 には、プレゼンテーションのさまざまな表示モードが用意されています。初期設定の「標準表示モード」では、ウィンドウの左側にスライドのサムネイルの一覧が表示され、右側に編集対象となるスライドが大きく表示されます。作業内容に応じて、表示モードを切り替えることができます。

1 表示モードを切り替える

メモ　表示モードの切り替え

表示モードを切り替えるには、＜表示＞タブの＜プレゼンテーションの表示＞グループから、目的の表示モードをクリックします。

1. ＜表示＞タブをクリックして、
2. 目的の表示モードをクリックすると、表示モードが変わります。

2 表示モードの種類

キーワード　標準表示モード

スライドウィンドウとスライドのサムネイルが表示されている状態を「標準表示モード」といいます。通常のスライドの編集は、この状態で行います。

標準表示モード

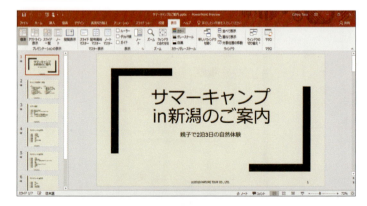

アウトライン表示モード

スライド一覧表示モード

ノート表示モード

右下の「メモ」参照。

閲覧表示モード

Section 04 表示モード

🔍キーワード アウトライン表示モード

「アウトライン表示モード」では、左側にすべてのスライドのテキストだけが表示されます。スライド全体の構成を参照しながら、編集することができます。

🔍キーワード スライド一覧表示モード

「スライド一覧表示モード」では、プレゼンテーション全体の構成の確認や、スライドの移動、各スライドの表示時間の確認が行えます。

🔍キーワード ノート表示モード

「ノート表示モード」では、発表者用のメモを確認・編集できます。

🔍キーワード 閲覧表示モード

「閲覧表示モード」では、スライドショーをウィンドウで表示できます。

📝メモ ステータスバーから表示モードを切り替える

ウィンドウ右下のボタンをクリックしても、表示モードを切り替えることができます。

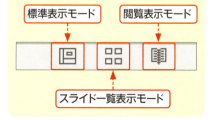

Section 05 リボンの基本操作

覚えておきたいキーワード
- ☑ リボン
- ☑ コマンド
- ☑ タブ

「リボン」には、操作を行う「コマンド」がまとめられています。リボンの「タブ」をクリックすることで、表示を切り替えます。作業領域をなるべく広くしたいときは、リボンを非表示にしたり、タブだけ表示したりできます。また、タッチ操作をしやすくするための「タッチモード」に切り替えることもできます。

1 リボンを切り替える

 メモ　リボンの切り替え

別のタブに配置されているコマンドを利用したい場合は、目的のタブをクリックして切り替えます。
なお、タブに配置されているコマンドのうち、使用できないものは薄いモノトーンで表示されます。

① タブをクリックすると、

② リボンが切り替わります。

 ヒント　リボンの表示が違う?

リボンの表示は、ウィンドウの横幅によって本書と表示が異なる場合があります。具体的には、アイコンの大きさが変わったり、文字の表示がなくなったりすることがあります。

2 ダイアログボックスを表示する

 メモ　ダイアログボックスの表示

リボンに表示されているコマンドでは行えない詳細な設定は、ダイアログボックスを利用します。おもなダイアログボックスは、各タブのグループ名の右下にあるダイアログボックス起動ツール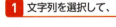をクリックして表示することができます。
なお、＜ホーム＞タブの＜図形描画＞グループのように、作業ウィンドウが表示されるものもあります。

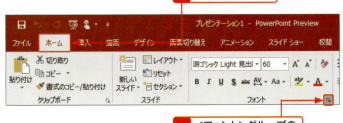

① 文字列を選択して、

② ＜ホーム＞タブをクリックし、

③ ＜フォント＞グループのここをクリックすると、

4 <フォント>ダイアログボックスが表示されます。

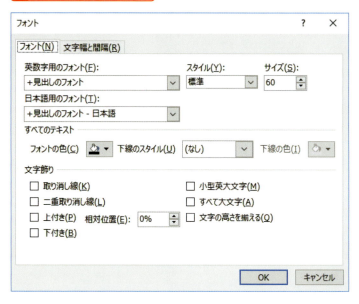

3 リボンの表示を切り替える

1 <リボンの表示オプション>をクリックして、

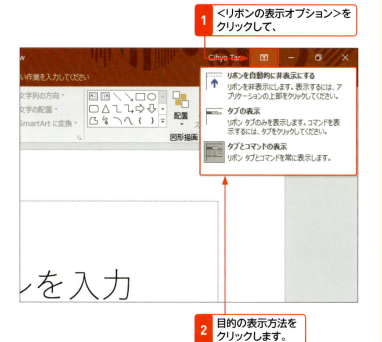

2 目的の表示方法をクリックします。

メモ リボンのカスタマイズ

リボンに表示されるコマンドは、カスタマイズすることができます。詳しくは、P.312のAppendix 2を参照してください。

メモ リボンの表示の切り替え

スライドウィンドウをできるだけ大きく表示したい場合は、リボンを非表示にしたり、タブだけを表示したりすることができます。
リボンの表示の切り替えは、ウィンドウ右上の<リボンの表示オプション>  から行えます。<リボンを自動的に非表示にする>もしくは<タブの表示>を選択した場合の動作は、次ページを参照してください。
なお、本書では、<タブとコマンドの表示>の状態で解説を行っています。

メモ リボンを自動的に非表示にする

P.33 手順❷で＜リボンを自動的に非表示にする＞をクリックすると、タブとコマンドが非表示になります。ウィンドウ上部にマウスポインターを合わせると、右図のように色が変わります。クリックすると、タブとコマンドが表示されるので、コマンドを実行します。リボン以外の部分をクリックすると、タブとコマンドが非表示になります。

＜リボンを自動的に非表示にする＞

① ウィンドウの上部をクリックすると、

② タブとコマンドが表示されます。

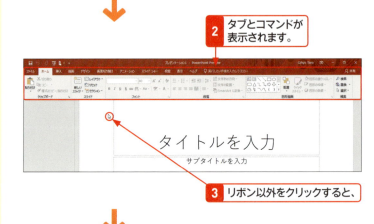

③ リボン以外をクリックすると、

④ リボンが非表示になります。

＜タブの表示＞

① タブをクリックすると、

メモ タブの表示

P.33 手順❷で＜タブの表示＞をクリックすると、コマンドが非表示になり、タブだけが表示されます。タブをクリックすると、コマンドが表示されるので、コマンドを実行します。

2 コマンドが表示されます。

3 リボン以外をクリックすると、

4 コマンドが非表示になります。

4 タッチモードに切り替える

1 ＜タッチ/マウスモードの切り替え＞をクリックして、

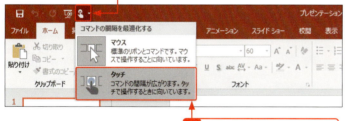

2 ＜タッチ＞をクリックすると、

3 タッチモードに切り替わり、コマンドの間隔が広がります。

メモ タッチモードへの切り替え

PowerPoint 2019には、コマンドの間隔が広くなり、タッチ操作がしやすくなる「タッチモード」が用意されています。タッチ機能に対応しているパソコンや、画面の小さいタブレットなどでの操作に最適です。

タッチモードからマウスモードに戻るには、左図で＜マウス＞をクリックします。

また、＜タッチ / マウスモードの切り替え＞が表示されていない場合は、P.314の方法で表示することができます。

なお、本書ではマウスモードで解説を行っています。

Section 06 操作を元に戻す・やり直す

覚えておきたいキーワード
- ☑ 元に戻す
- ☑ やり直し
- ☑ 繰り返し

操作を誤ってしまい、取り消して元に戻したい場合は、クイックアクセスツールバーの＜元に戻す＞をクリックします。元に戻したあと、＜やり直し＞をクリックすると、取り消した操作をやり直すことができます。また、＜繰り返し＞をクリックすると、直前の操作を繰り返すことができます。

1 操作を元に戻す・やり直す

ステップアップ　複数の操作を元に戻す

クイックアクセスツールバーの＜元に戻す＞の▼をクリックし、表示される操作の履歴の一覧から取り消したい操作をクリックすると、複数の操作を元に戻すことができます。

1 ＜元に戻す＞のここをクリックして、

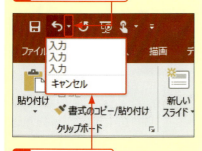

2 取り消す操作をクリックします。

ステップアップ　元に戻す操作の数を変更する

元に戻せる操作の最大数は、既定では20に設定されていますが、変更することも可能です。＜ファイル＞タブの＜オプション＞をクリックします。＜詳細設定＞をクリックして、＜元に戻す操作の最大数＞に数値を入力し、＜OK＞をクリックします。

1 文字列を入力し、

2 クイックアクセスツールバーの＜元に戻す＞をクリックすると、

3 文字列の入力が取り消され、元に戻ります。

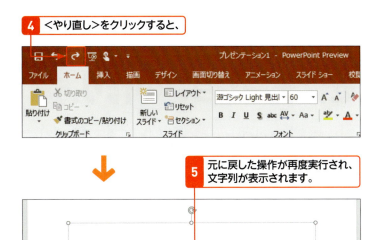

2 操作を繰り返す

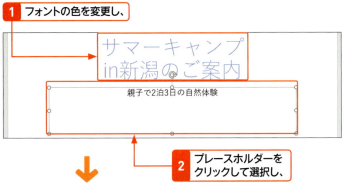

> **メモ** ショートカットキーの利用
>
> Ctrl を押しながら Z を押しても、直前の操作を取り消して元に戻すことができます。
> また、Ctrl を押しながら Y を押しても、操作をやり直すことができます。

> **メモ** ショートカットキーの利用
>
> Ctrl を押しながら Y を押すか、F4 を押しても、直前の操作を繰り返すことができます。

> **ヒント** 繰り返しができない?
>
> 表の挿入や SmartArt の挿入など、操作によっては、繰り返すことができません。

Section 07 本書でのプレゼンテーションの作り方

覚えておきたいキーワード
☑ スライド
☑ 書式設定
☑ アニメーション効果

このセクションでは、本書でのプレゼンテーションを作成する流れを解説します。各スライドに文字列を入力したあと、書式を設定し、画像などのオブジェクトを挿入して、スライドを完成させます。画面切り替え効果やアニメーション効果を設定したら、プレゼンテーションを実行します。

1 スライドに文字列を入力する

メモ スライドの追加と文字列の入力

新規プレゼンテーションを作成すると、「タイトルスライド」が1枚だけ挿入された状態で表示されます。タイトルスライドには、プレゼンテーションのタイトルとサブタイトルを入力します（Sec.10参照）。
そのあと、必要に応じてスライドを追加し、各スライドのタイトルとテキストを入力します（Sec.11、12参照）。
第2章では、スライド作成の基本を解説しています。

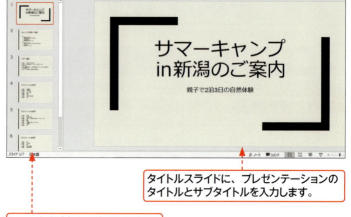

タイトルスライドに、プレゼンテーションのタイトルとサブタイトルを入力します。

スライドを追加し、各スライドのタイトルとテキストを入力します。

2 書式を設定する

メモ 文字列の書式設定

文字列を入力したら、必要に応じて文字列の書式を設定します。強調して目立たせたい部分はフォントの種類やサイズ、色を変更したり（Sec.21〜23参照）、文字量の多い部分は段組みを設定したりします（Sec.24参照）。
第3章では、文字の編集や書式設定について解説しています。

段組みを設定して読みやすくするなど、書式を設定します。

3 図形や画像などを挿入する

スライドには、画像を挿入できます。また、かんたんな編集機能も用意されています。

メモ　オブジェクトの挿入

図形による解説図や、画像、動画、表、グラフなどを挿入すると、より視覚に訴えたプレゼンテーションになります。
第4章では図形、第5章では表やグラフ、第6章では画像や動画などのオブジェクトの挿入・編集方法について解説しています。

4 アニメーションを設定する

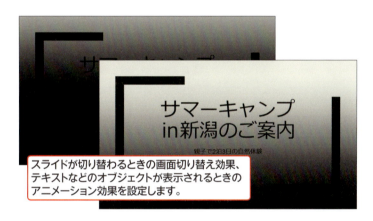

スライドが切り替わるときの画面切り替え効果、テキストなどのオブジェクトが表示されるときのアニメーション効果を設定します。

メモ　画面切り替え効果とアニメーション効果の設定

すべてのスライドが完成したら、アニメーションを設定します。次のスライドに切り替わるときの動きは、「画面切り替え効果」(Sec.81、82参照)を、テキストやグラフなどのオブジェクトの動きには「アニメーション効果」(Sec.83〜89参照)を設定します。
第7章では、アニメーションについて解説しています。

5 プレゼンテーションを実行する

発表者ツールを利用して、プレゼンテーションを実行します。

メモ　プレゼンテーションの実行

本番のプレゼンテーションの前に、必要に応じてナレーションを録音したり、スライドの切り替えのタイミングを設定したりします(Sec.92、93参照)。本番では、発表者ツールを利用して、スライドショーを実行します(Sec.94、95参照)。
第8章では、プレゼンテーションの準備から実行までを解説しています。

Section 08 操作に困ったときは？

覚えておきたいキーワード
- 操作アシスト
- ヘルプ
- スマート検索

操作がわからないときは、「操作アシスト」を利用します。タブの右側に表示されている＜実行したい作業を入力してください＞のボックスに、キーワードを入力すると、目的の機能を実行したり、キーワードに関するヘルプを参照したり、「スマート検索」を使ってWebの検索結果を参照したりできます。

1 操作アシストを利用する

メモ　操作アシストで操作を実行する

機能によっては、＜操作アシスト＞にキーワードを入力する前に、オブジェクトを選択するなどの操作が必要になります。

1. ＜操作アシスト＞にキーワードを入力すると、
2. 関連する機能の一覧が表示されるので、

3. 目的の機能（ここでは、フォントの変更操作）をクリックすると、実行されます。

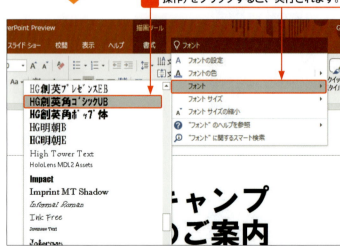

ヒント　ヘルプやスマート検索を参照するには？

キーワードを入力して、＜"○○"のヘルプを参照＞をクリックすると、キーワードに関するヘルプを参照できます。
また、＜"○○"に関するスマート検索＞をクリックすると、ウィキペディア、イメージ検索、Web検索などの結果が画面右に表示されます。

Chapter 02

第2章

スライド作成の基本

Section		
09	新しいプレゼンテーションを作成する
10	タイトルのスライドを作成する
11	スライドを追加する
12	スライドの内容を入力する
13	スライドの順序を入れ替える
14	スライドを複製／コピー／削除する
15	プレゼンテーションを保存する
16	プレゼンテーションを閉じる
17	プレゼンテーションを開く
18	プレゼンテーションのテーマを変更する
19	配色や背景を変更する

Section 09 新しいプレゼンテーションを作成する

覚えておきたいキーワード
☑ テーマ
☑ バリエーション
☑ スライドサイズ

新規プレゼンテーションを作成するには、はじめにスライドのデザインを決めます。デザインやフォントが設定された「テーマ」と、テーマごとにカラーや画像などが異なる「バリエーション」が用意されています。新規プレゼンテーションの作成は、起動直後の画面か、＜ファイル＞タブから行います。

1 起動直後の画面から新規プレゼンテーションを作成する

キーワード　テーマ

「テーマ」は、スライドのデザインをかんたんに整えることのできる機能です。
テーマはあとからでも変更することができます（P.62 参照）。

ヒント　サンプルファイルのダウンロード

各機能を実際に試してみたい場合は、本書で使用しているサンプルファイルをダウンロードして利用することができます（P.20 参照）。

1 PowerPointを起動して（P.26参照）、

2 目的のテーマ（ここでは、＜トリミング＞）をクリックし、

ヒント　起動後に新規プレゼンテーションを作成するには？

すでにPowerPointを起動している場合に、新規プレゼンテーションを作成するには、＜ファイル＞タブをクリックして、＜新規＞をクリックしてから、テーマを選択します。右ページ手順 の画面が表示されるので、バリエーションを選択し、＜作成＞をクリックします。

1 ＜ファイル＞タブの＜新規＞をクリックし、

2 目的のテーマをクリックします。

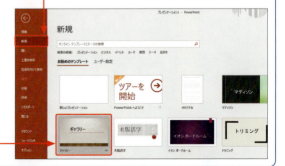

3 目的のバリエーションをクリックして、

4 <作成>をクリックすると、

5 新規プレゼンテーションが作成されます。

キーワード バリエーション

テーマには、カラーや画像などのデザインが異なる「バリエーション」が用意されています。バリエーションもあとから変更することができます（P.63参照）。

メモ オブジェクトの配色

手順3の画面で<その他のイメージ>のをクリックすると、グラフやSmartArtなどの配色を確認できます。

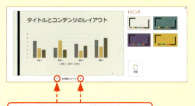

クリックすると、グラフなどの配色を確認できます。

ヒント スライドサイズの縦横比を変更するには？

スライドは、ワイド画面対応の16：9の縦横比で作成されます。スライドサイズの縦横比を4：3に変更したい場合は、<デザイン>タブの<スライドのサイズ>をクリックし、<標準（4：3）>をクリックします。
右のような図が表示された場合は、<最大化>または<サイズに合わせて調整>をクリックします。

<最大化>または<サイズに合わせて調整>をクリックします。

Section 10 タイトルのスライドを作成する

覚えておきたいキーワード
- ☑ タイトルスライド
- ☑ プレースホルダー
- ☑ タイトル

新規プレゼンテーションを作成すると（Sec.09参照）、タイトル用のタイトルスライドが1枚だけ挿入されています。まずはタイトルスライドのプレースホルダーに、プレゼンテーションのタイトルとサブタイトルを入力します。プレースホルダーをクリックすると、文字列を入力できます。

1 プレゼンテーションのタイトルを入力する

メモ タイトルの入力

スライドタイトルには、プレゼンテーションのタイトルとサブタイトルを入力するためのプレースホルダーが用意されています。
プレースホルダーをクリックすると、文字列を入力できます。

1 新規プレゼンテーションを作成し（Sec.09参照）、

2 タイトル用のプレースホルダーの内側をクリックすると、

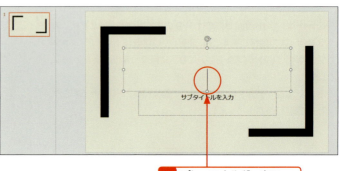

3 プレースホルダー内にカーソルが表示されます。

キーワード プレースホルダー

「プレースホルダー」とは、スライド上に配置されている、タイトルやテキスト（文字列）、グラフ、画像などを挿入するための枠のことです。

4 文字列を入力し、
5 Enterを押すと、
6 改行されるので、
7 文字列を入力します。

> **メモ** プレースホルダー内の改行
>
> 文字数が多くなると、自動的に文字列が複数行になります。任意の位置で改行したい場合は、Enterを押して改行します。

> **ヒント** アルファベットの小文字が入力できない?
>
> 設定したテーマによっては、アルファベットがすべて大文字で入力され、小文字を入力できないことがあります。その場合は、プレースホルダーの枠線をクリックして選択し、<ホーム>タブの<フォント>グループのダイアログボックス起動ツール をクリックします。<フォント>ダイアログボックスの<フォント>タブの<すべて大文字>をオフにすると、小文字を入力できるようになります。

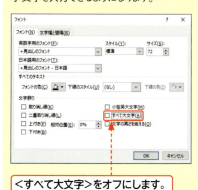

<すべて大文字>をオフにします。

2 サブタイトルを入力する

1 サブタイトル用のプレースホルダーの内側をクリックして、
2 サブタイトルを入力します。

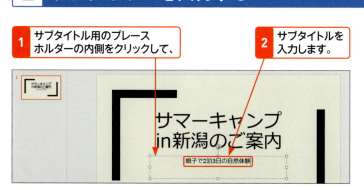

> **ヒント** サブタイトルを入力しない場合は?
>
> サブタイトルを入力しないなどの理由でプレースホルダーが不要な場合は、プレースホルダーの枠線をクリックして選択し、Deleteを押してプレースホルダーを削除します。

Section 11 スライドを追加する

覚えておきたいキーワード
- ☑ 新しいスライド
- ☑ レイアウト
- ☑ コンテンツ

タイトルスライドを作成したら、新しいスライドを追加します。スライドには、さまざまなレイアウトが用意されており、スライドを追加するときにレイアウトを選択したり、あとから変更したりすることができます。新しいスライドは、ウィンドウ左側で選択しているサムネイルのスライドの次に挿入されます。

1 新しいスライドを挿入する

メモ スライドの挿入

スライドの挿入は、＜ホーム＞タブの＜新しいスライド＞のほか、＜挿入＞タブの＜新しいスライド＞からも行うことができます。

メモ レイアウトの種類

手順❸で表示されるレイアウトの種類は、プレゼンテーションに設定しているテーマによって異なります。
なお、オリジナルで新しいレイアウトを作成することもできます（Sec.110 参照）。

キーワード コンテンツ

「コンテンツ」とは、スライドに配置するテキスト、表、グラフ、SmartArt、図、ビデオのことです。手順❹でコンテンツを含むレイアウトを選択すると、コンテンツを挿入できるプレースホルダーがあらかじめ配置されているスライドが挿入されます。

1 スライドサムネイルで、スライドを追加したい位置の前にあるスライドをクリックし、

2 ＜ホーム＞タブをクリックして、

3 ＜新しいスライド＞のここをクリックし、

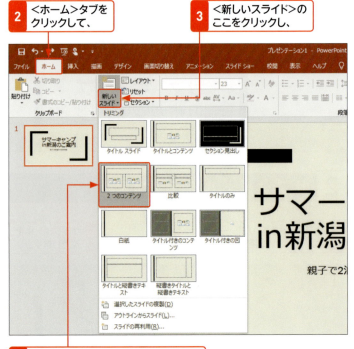

4 目的のレイアウト（ここでは、＜2つのコンテンツ＞）をクリックすると、

5 選択したレイアウトのスライドが挿入されます。

ヒント 前回選択したレイアウトのスライドを挿入するには？

＜ホーム＞タブの＜新しいスライド＞のアイコン部分をクリックすると、前回選択したレイアウトと同じレイアウトのスライドが挿入されます。
ただし、1枚目のスライド挿入時にこの操作を行うと、＜タイトルスライド＞のレイアウトが適用されます。

2 スライドのレイアウトを変更する

1 目的のスライドをクリックして、

2 ＜ホーム＞タブをクリックし、

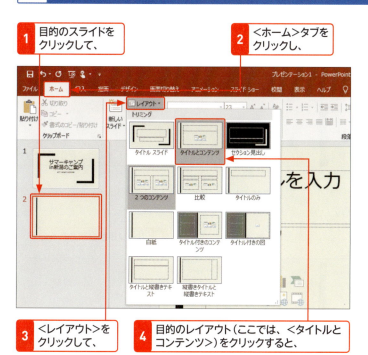

3 ＜レイアウト＞をクリックして、

4 目的のレイアウト（ここでは、＜タイトルとコンテンツ＞）をクリックすると、

メモ レイアウトの変更

スライドのレイアウトの変更は、文字列を入力したあとでも行うことができます。

5 スライドレイアウトが変更されます。

Section 12 スライドの内容を入力する

覚えておきたいキーワード
- ☑ タイトル
- ☑ コンテンツ
- ☑ テキスト

スライドを追加したら、スライドにタイトルとテキストを入力します。ここでは、Sec.11 で挿入した＜タイトルとコンテンツ＞のレイアウトのスライドに入力していきます。テキストを入力したら、必要に応じてフォントの種類やサイズ、色などの書式を変更します（第3章参照）。

1 スライドのタイトルを入力する

メモ　スライドのタイトルの入力

「タイトルを入力」と表示されているプレースホルダーには、そのスライドのタイトルを入力します。プレースホルダーをクリックすると、カーソルが表示されるので、文字列を入力します。

1 タイトル用のプレースホルダーの内側をクリックすると、

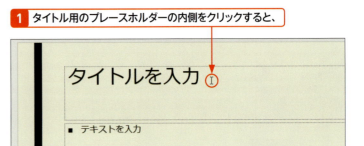

2 カーソルが表示されるので、

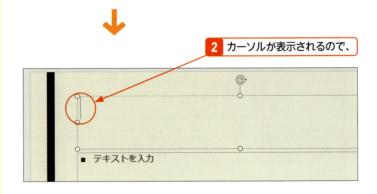

3 タイトルを入力します。

2 スライドのテキストを入力する

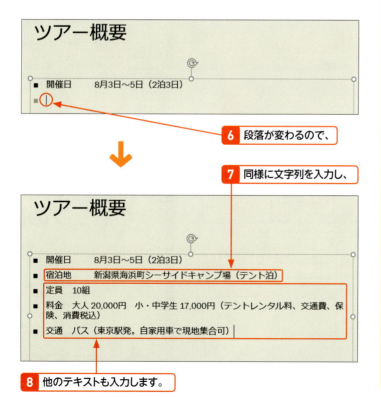

メモ テキストの入力

「テキストを入力」と表示されているプレースホルダーには、そのスライドの内容となるテキストを入力します。プレゼンテーションに設定されているテーマによっては、行頭に●や■などの箇条書きの行頭記号が付く場合があります。行頭記号の変更については、Sec.20 で解説します。
また、コンテンツ用のプレースホルダーには、表やグラフ、画像などを挿入することもできます。

メモ タブの利用

Tab を押すと、スペースができます。手順 3 の画面のように、項目名と内容を同じ行に入力したい場合、タブを使ってスペースをつくり、タブの位置を調整することで、内容の左端を揃えることができます（Sec.26 参照）。

メモ 書式の設定

テキストを入力したら、必要に応じて、フォントの種類、サイズ、色などの書式を設定します。文字列の書式の変更については、第 3 章を参照してください。

49

Section 13 スライドの順序を入れ替える

覚えておきたいキーワード
- ☑ スライドサムネイル
- ☑ サムネイル
- ☑ スライド一覧表示モード

スライドはあとから順番を入れ替えることができます。スライドの順序を変更するには、標準表示モードの左側のスライドサムネイルで、目的のスライドのサムネイルをドラッグします。また、スライド一覧表示モードでも、スライドをドラッグして順序を変更することが可能です。

1 スライドサムネイルでスライドの順序を変更する

> **ヒント　複数のスライドを移動するには？**
>
> 複数のスライドをまとめて移動するには、左側のスライドサムネイルで Ctrl を押しながら目的のスライドをクリックして選択し、目的の位置までドラッグします。

① 目的のスライドのサムネイルにマウスポインターを合わせ、

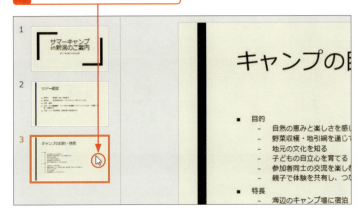

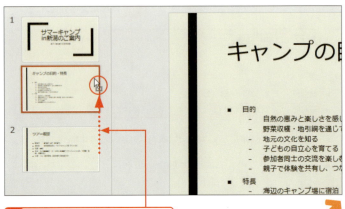

② 目的の位置までドラッグすると、

第2章 スライド作成の基本

3 スライドの順序が変わります。

2 スライド一覧表示モードでスライドの順序を変更する

1 スライド一覧表示モードに切り替えて、

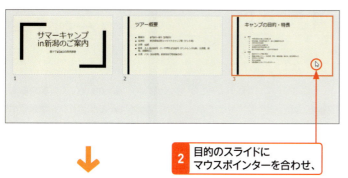

2 目的のスライドにマウスポインターを合わせ、

> **メモ　スライド一覧表示モードへの切り替え**
>
> スライド一覧表示モードに切り替えると、標準表示モードのスライドサムネイルよりもスライドが大きく表示されます。
> スライド一覧表示モードに切り替えるには、＜表示＞タブの＜スライド一覧＞をクリックします。

3 目的の位置までドラッグすると、

4 スライドの順序が変わります。

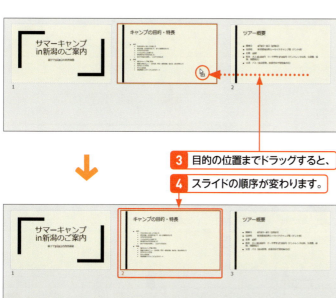

Section 13 スライドの順序を入れ替える

第2章 スライド作成の基本

Section 14 スライドを複製／コピー／削除する

覚えておきたいキーワード
- ☑ 複製
- ☑ コピー
- ☑ 削除

似た内容のスライドを複数作成する場合は、スライドの複製を利用すると、効率的に作成できます。既存のプレゼンテーションに同じ内容のスライドがある場合は、スライドをコピー＆貼り付けすることができます。また、スライドが不要になった場合は、削除します。

1 プレゼンテーション内のスライドを複製する

メモ スライドの複製

同じプレゼンテーションのスライドをコピーしたい場合は、スライドの複製を利用します。
なお、手順4で＜複製＞をクリックした場合は、手順4のあとすぐに新しいスライドが作成されるのに対し、＜コピー＞をクリックした場合は＜貼り付け＞をクリックするまでスライドが作成されません。

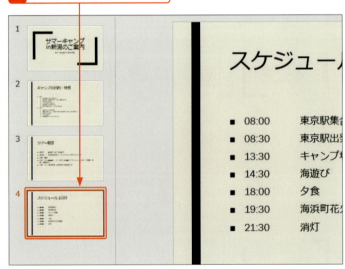

1 目的のスライドのサムネイルをクリックして選択し、

2 ＜ホーム＞タブをクリックして、

3 ＜コピー＞のここをクリックし、

4 ＜複製＞をクリックすると、

メモ ＜新しいスライド＞の利用

複製するスライドを選択し、＜ホーム＞（または＜挿入＞）タブの＜新しいスライド＞をクリックして、＜選択したスライドの複製＞をクリックしても、スライドを複製できます。

第2章 スライド作成の基本

52

5 スライドが複製されます。

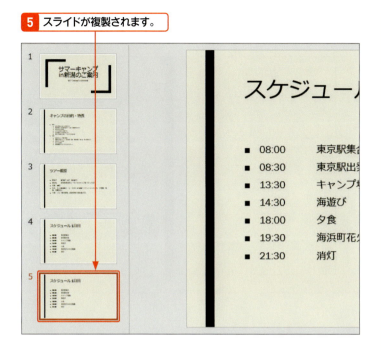

2 他のプレゼンテーションのスライドをコピーする

1 コピーするスライドのサムネイルをクリックして選択し、

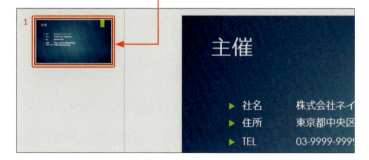

メモ スライドのコピー

左の手順では、他のプレゼンテーションのスライドをコピーして貼り付けていますが、同じプレゼンテーションのスライドをコピーして貼り付けることもできます。

2 ＜ホーム＞タブをクリックして、

3 ＜コピー＞をクリックします。

メモ 貼り付け先のテーマが適用される

手順7で<貼り付け>のアイコン部分をクリックすると、貼り付けたスライドには、貼り付け先のテーマが適用されます。

貼り付けたあとに表示される<貼り付けのオプション> (Ctrl) をクリックすると、貼り付けたスライドの書式を選択できます。選択できる項目は、次の3種類です。

① <貼り付け先のテーマを使用>
貼り付け先のテーマを適用してスライドを貼り付けます。

② <元の書式を保持>
元のテーマのままスライドを貼り付けます。

③ <図>
コピーしたスライドを図として貼り付けます。

4 貼り付け先のプレゼンテーションを開いて、

5 貼り付ける場所をクリックし、

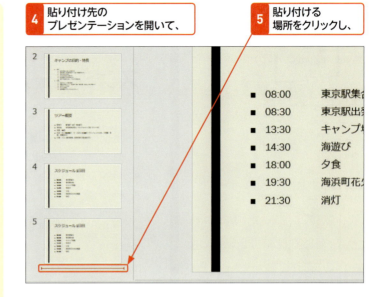

6 <ホーム>タブをクリックして、

7 <貼り付け>のここをクリックすると、

8 スライドが貼り付けられます。

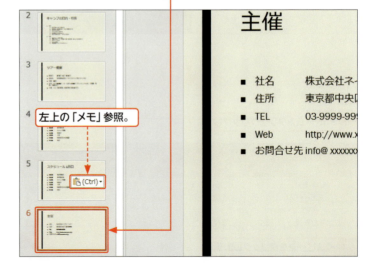

左上の「メモ」参照。

3 スライドを削除する

1 削除するスライドのサムネイルをクリックして選択し、

2 Delete を押すと、

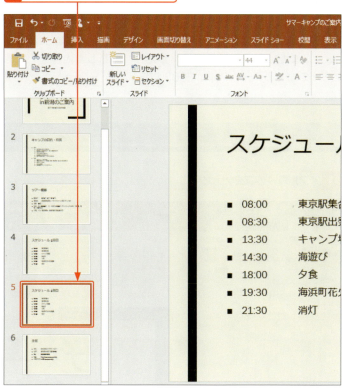

3 スライドが削除されます。

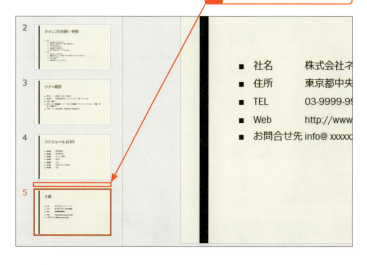

メモ ショートカットメニューの利用

目的のスライドを右クリックして、＜スライドの削除＞をクリックしても、スライドを削除できます。

ステップアップ 複数のスライドを削除する

標準表示モードの左側のスライドサムネイルや、スライド一覧表示モードでは、複数のスライドを選択し、まとめて削除することができます。

連続するスライドを選択するには、先頭のスライドをクリックして、Shift を押しながら末尾のスライドをクリックします。離れた位置にある複数のスライドを選択するには、Ctrl を押しながらスライドをクリックしていきます。

Section 15 プレゼンテーションを保存する

覚えておきたいキーワード
☑ 名前を付けて保存
☑ 上書き保存
☑ 拡張子

作成したプレゼンテーションはファイルとして保存して、作成内容が失われないようにしましょう。また、名前を付けて保存したり、更新した内容を上書き保存したりするだけでなく、PowerPoint 2003 以前の旧バージョン形式で保存することも可能です。

1 名前を付けて保存する

メモ ショートカットキーの利用

F12 を押しても、P.57 手順 の＜名前を付けて保存＞ダイアログボックスが表示されます。

ヒント 上書き保存するには？

ファイルを上書き保存するには、クイックアクセスツールバーの＜上書き保存＞ をクリックするか、＜ファイル＞タブをクリックして＜上書き保存＞をクリックします。

ヒント OneDrive に保存するには？

マイクロソフトが提供するオンラインストレージサービス「OneDrive」に保存する場合は、手順 で＜ OneDrive-個人用＞をクリックします（Sec.100 参照）。

1 ＜ファイル＞タブをクリックして、

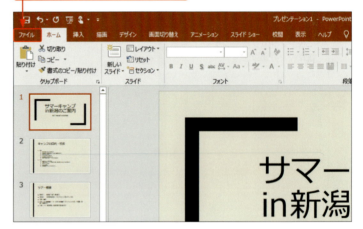

2 ＜名前を付けて保存＞をクリックし、

3 ＜参照＞をクリックします。

Section 15 プレゼンテーションを保存する

4 <名前を付けて保存>ダイアログボックスが表示されるので、

5 保存先のフォルダーを指定し、

6 ファイル名を入力して、

7 <PowerPointプレゼンテーション(*.pptx)>が選択されていることを確認し、

8 <保存>をクリックすると、

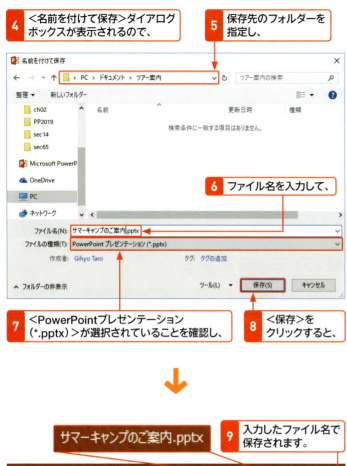

9 入力したファイル名で保存されます。

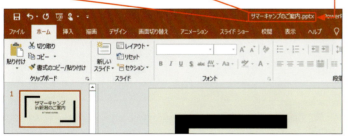

ヒント 旧バージョンのppt形式で保存するには？

プレゼンテーションファイルをPowerPoint 2003以前のファイル形式（ppt形式）で保存するには、<名前を付けて保存>ダイアログボックスの<ファイルの種類>で<PowerPoint 97-2003プレゼンテーション(*.ppt)>を選択します。

ただし、PowerPoint 2007以降の新機能のいくつかは、PowerPoint 97-2003形式で使用できません。そのため、PowerPoint 97-2003形式で保存しようとすると、互換性チェックが自動的に行われ、下記のような画面が表示される場合があります。

1 旧バージョンでサポートされない機能を確認し、

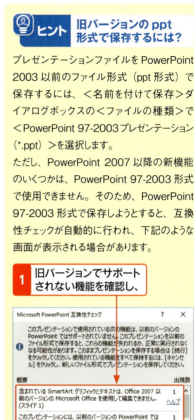

2 <続行>をクリックすると、ファイルが保存されます。

第2章 スライド作成の基本

メモ ファイルの拡張子

「拡張子」とは、ファイルの種類を識別するために、ファイル名のあとに付けられる文字列のことで、「.」（ピリオド）で区切られます。本書では、すべてのファイルの拡張子を表示する設定にしています。拡張子を表示する設定にしておくと、タイトルバーのファイル名のあとに、拡張子が表示されます。

Windows 10で拡張子を表示するには、エクスプローラーの<表示>タブをクリックして、<ファイル名拡張子>をオンにします。

1 <表示>タブをクリックして、

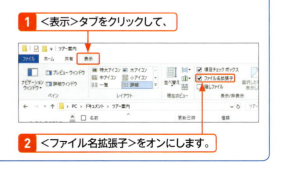

2 <ファイル名拡張子>をオンにします。

Section 16 プレゼンテーションを閉じる

覚えておきたいキーワード
☑ 閉じる
☑ 終了
☑ 保存

プレゼンテーションの編集を終えて、ほかのプレゼンテーションの作業を行う場合は、編集の終わったプレゼンテーションを閉じます。プレゼンテーションを閉じても、PowerPoint 2019 は終了しないので、続けてほかのプレゼンテーションの作業を進めることができます。

1 プレゼンテーションを閉じる

 メモ ショートカットキーの利用

Ctrlを押しながらWを押しても、プレゼンテーションを閉じることができます。

1 <ファイル>タブをクリックして、

2 <閉じる>をクリックすると、

3 プレゼンテーションが閉じます。

メモ　複数のプレゼンテーションを開いている場合

複数のプレゼンテーションを開いている場合は、ウィンドウ右上の ✕ をクリックしても、現在作業中のプレゼンテーションだけを閉じることができます。
また、タスクバーの PowerPoint 2019 のアイコンをポイントすると、現在開いているプレゼンテーションのサムネイルが表示されるので、閉じるプレゼンテーションのサムネイルをポイントし、✕ をクリックしても、プレゼンテーションを閉じることができます。

1 ここをポイントして、

2 閉じるプレゼンテーションをポイントし、

3 ここをクリックします。

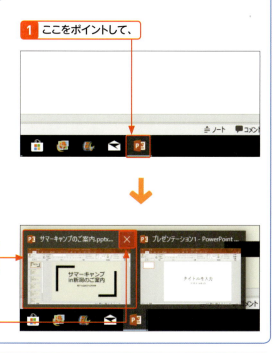

ヒント　プレゼンテーションを保存しないで閉じると?

変更を加えたプレゼンテーションを保存しないで閉じようとすると、右図が表示されます。
ファイルを保存する場合は＜保存＞を、保存しない場合は＜保存しない＞を、プレゼンテーションを閉じないで作業に戻る場合は＜キャンセル＞をクリックします。
なお、まだ保存していない新規プレゼンテーションの場合、＜保存＞をクリックすると、＜名前を付けて保存＞ダイアログボックス（P.57 参照）が表示されます。

Section 17 プレゼンテーションを開く

覚えておきたいキーワード
☑ 開く
☑ 履歴
☑ エクスプローラー

プレゼンテーションを開くには、<ファイル>タブの<開く>から、目的のフォルダーやプレゼンテーションを選択します。また、エクスプローラーで、目的のプレゼンテーションが保存されているフォルダーを開き、目的のプレゼンテーションをダブルクリックしても開くことができます。

1 <ファイル>タブからプレゼンテーションを開く

ヒント <ファイルを開く>ダイアログボックスの利用

手順❸で<参照>をクリックすると、<ファイルを開く>ダイアログボックスが表示され、プレゼンテーションが保存されている場所や、プレゼンテーションを選択して開くことができます。

1 <ファイル>タブをクリックして、

2 <開く>をクリックし、

3 <このPC>をクリックして、

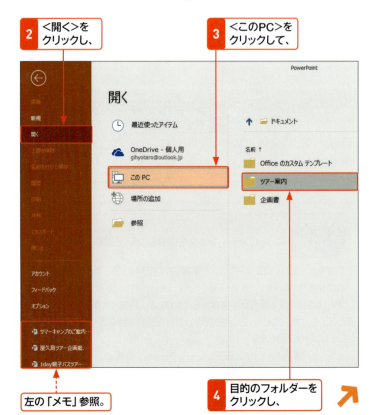

4 目的のフォルダーをクリックし、

メモ 履歴からプレゼンテーションを開く

<ファイル>タブの左下には、最近使ったプレゼンテーションの履歴が表示されます。その中から、目的のプレゼンテーションをクリックして開くこともできます。
また、手順❸で<最近使ったアイテム>をクリックしても、最近使ったプレゼンテーションの一覧が表示されます。

Section 17 プレゼンテーションを開く

5 目的のプレゼンテーションをクリックすると、

6 プレゼンテーションが開きます。

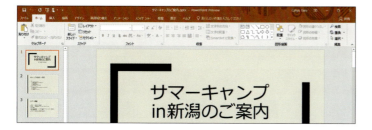

2 エクスプローラーからプレゼンテーションを開く

1 目的のプレゼンテーションが保存されているフォルダーを開いて、

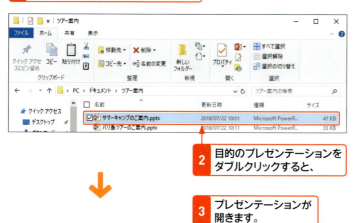

2 目的のプレゼンテーションをダブルクリックすると、

3 プレゼンテーションが開きます。

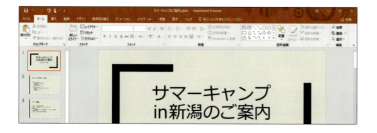

 メモ エクスプローラーから開く

左の手順でエクスプローラーから開くと、PowerPoint 2019を事前に起動していなくても、プレゼンテーションを開くことができます。

第2章 スライド作成の基本

Section 18 プレゼンテーションのテーマを変更する

覚えておきたいキーワード
☑ テーマ
☑ バリエーション
☑ 配色

プレゼンテーションのテーマを変更すると、デザインが変更され、イメージを一新することができます。また、バリエーションを変更すると、配色やデザインの画像などが変更されます。なお、すでにオブジェクトを配置している場合、変更後のテーマによっては、レイアウトがくずれてしまう場合があります。

1 テーマを変更する

ヒント　白紙のテーマを適用するには？

画像などが使用されていない白紙のテーマを適用したい場合は、手順③で＜Officeテーマ＞をクリックします。

＜Officeテーマ＞をクリックします。

メモ　特定のスライドのみテーマを変える

右の手順に従うと、すべてのスライドのテーマが変更されます。選択しているスライドのみのテーマを変更する場合は、手順③の画面で目的のテーマを右クリックし、＜選択したスライドに適用＞をクリックします。

1 ＜デザイン＞タブをクリックして、

2 ＜テーマ＞グループのここをクリックし、

3 目的のテーマ（ここでは、＜ギャラリー＞）をクリックすると、

4 テーマが変更されます。

> **メモ 配色が変更される**
>
> テーマを変更すると、プレゼンテーションの配色も変更され、スライド上のテキストや図形の色が変更されます。
> ただし、テーマにあらかじめ設定されている配色以外の色を設定しているテキストや図形の色は変更されません。

2 バリエーションを変更する

1 <デザイン>タブの<バリエーション>グループで、目的のバリエーションをクリックすると、

> **メモ 特定のスライドのみバリエーションを変更する**
>
> 左の手順に従うと、すべてのスライドのバリエーションが変更されます。選択しているスライドのみのバリエーションを変更する場合は、手順**2**の画面で目的のバリエーションを右クリックし、<選択したスライドに適用>をクリックします。

2 バリエーションが変更されます。

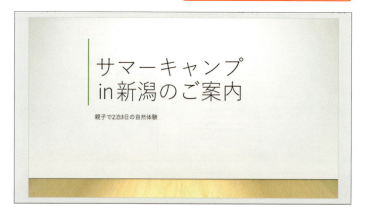

Section 19 配色や背景を変更する

覚えておきたいキーワード
☑ 配色パターン
☑ フォントパターン
☑ 背景のスタイル

テーマやバリエーションには、配色パターンが用意されていますが、テーマはそのままで配色だけを変更することができます。また、スライドの背景のスタイルがいくつか用意されており、違う色やグラデーションのものなどに変更することができます。

1 配色を変更する

メモ 配色の変更

テーマにはそれぞれの配色パターンが用意されており、<フォントの色>（P.74参照）や図形の<塗りつぶしの色>（P.109参照）などの色を設定するときの一覧に表示されています。配色パターンは変更することができ、プレゼンテーションの色使いを一括して変換したい場合などに利用できます。

ステップアップ オリジナルの配色パターンの作成

配色パターンは、自分で自由に色を組み合わせてオリジナルのものを作成できます。その場合は、手順で<色のカスタマイズ>をクリックすると、下図が表示されるので、色を設定して、配色パターンの名前を入力し、<保存>をクリックします。

1 <デザイン>タブをクリックして、

2 <バリエーション>グループのここをクリックし、

3 <配色>をポイントして、

4 目的の配色パターン（ここでは、<暖かみのある青>）をクリックすると、

5 配色が変更されます。

2 背景のスタイルを変更する

1 ＜デザイン＞タブをクリックして、

2 ＜バリエーション＞グループのここをクリックし、

3 ＜背景のスタイル＞をポイントして、

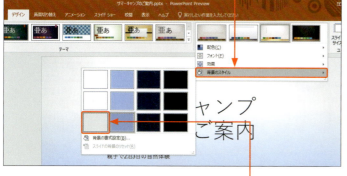

4 目的の背景のスタイル（ここでは、＜スタイル9＞）をクリックすると、

5 背景のスタイルが変更されます。

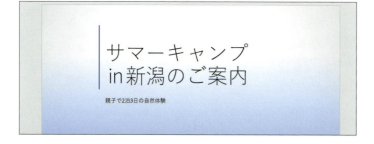

メモ 背景のスタイルの変更

スライドの背景の色やグラデーションなどは、変更することができます。背景のスタイルの一覧に目的の背景のスタイルがない場合は、手順4で＜背景の書式設定＞をクリックします。＜背景の書式設定＞作業ウィンドウが表示されるので、塗りつぶしの色やグラデーションの色などを設定します。

3 スライドの背景に画像を設定する

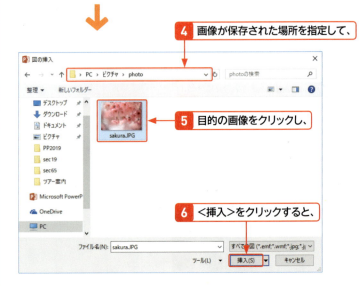

ステップアップ 文字が見づらい場合は？

スライドの背景に画像を設定すると、文字が見づらくなることがあります。その場合は、＜背景の書式設定＞作業ウィンドウで＜透明度＞を調整すると、画像が薄くなり、文字が見やすくなります。

＜透明度＞を変更します。

ヒント すべてのスライドの背景に適用するには？

すべてのスライドの背景に画像を設定するには、＜背景の書式設定＞作業ウィンドウの＜すべてに適用＞をクリックします。

Chapter 03

第3章

文字の編集／書式設定

Section		
	20	段落の行頭記号を変更する
	21	フォントの種類やサイズを変更する
	22	見出しと本文を別々のフォントで統一する
	23	フォントの色やスタイルを変更する
	24	本文を段組みにする
	25	段落レベルとインデントを調整する
	26	タブの位置を調整する
	27	段落の配置や行の間隔を変更する
	28	スライドの好きな場所に文字を入力する
	29	すべてのスライドに会社名や日付を入れる
	30	ワードアートで文字を装飾する

Section 20 段落の行頭記号を変更する

覚えておきたいキーワード
☑ 行頭記号
☑ 箇条書き
☑ 段落番号

段落には、「■」や「●」などの行頭記号の付いた箇条書きや、「1．2．3．」や「Ⅰ．Ⅱ．Ⅲ．」のような段落番号を設定できます。また、あらかじめ設定されている行頭記号や段落番号の種類は、変更することも可能です。これらは＜ホーム＞タブの＜箇条書き＞または＜段落番号＞から設定します。

1 行頭記号の種類を変更する

メモ 段落の選択

右の手順では、プレースホルダー全体を選択していますが、特定の段落をドラッグして選択し、行頭記号を設定することもできます。なお、離れた段落を同時に選択するには、Ctrlを押しながら目的の段落を順にドラッグします。

1 プレースホルダーの枠線をクリックして選択し、

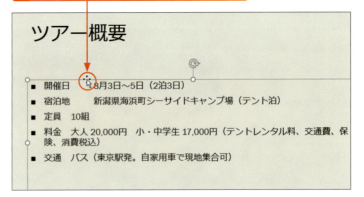

メモ 行頭記号の設定

行頭記号を設定するには、手順❸の画面で、一覧から目的の行頭記号をクリックするか、＜箇条書きと段落番号＞をクリックします。一覧に表示される行頭記号の種類は、プレゼンテーションに設定されているテーマやバリエーションによって異なります。また、＜箇条書きと段落番号＞ダイアログボックスでは、行頭記号の色やサイズを設定できます。

2 ＜ホーム＞タブの＜箇条書き＞のここをクリックして、

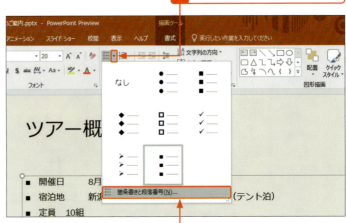

3 ＜箇条書きと段落番号＞をクリックします。

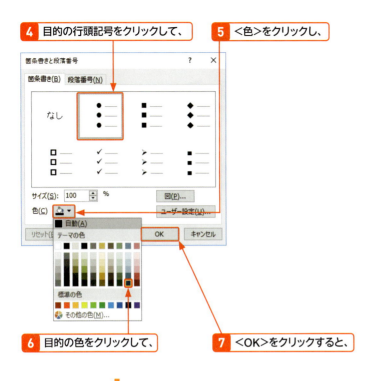

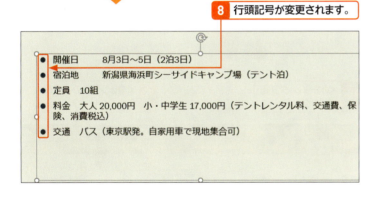

テーマによっては行頭記号がない場合も

設定しているテーマによっては、テキストに行頭記号が設定されていないことがあります。その場合も、左の手順で行頭記号付きの箇条書きに設定することができます。

箇条書きを解除するには？

箇条書きを解除するには、目的の段落を選択し、＜ホーム＞タブの＜箇条書き＞ の をクリックします。

段落番号を設定するには？

段落番号を設定するには、＜ホーム＞タブの＜段落番号＞ の をクリックして、目的の段落番号をクリックします。また、右図で＜箇条書きと段落番号＞をクリックすると、＜箇条書きと段落番号＞ダイアログボックスが表示され、段落番号の色やサイズ、開始番号を変更することができます。

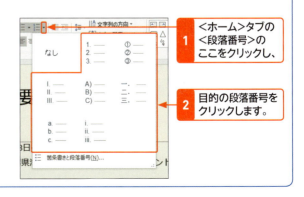

Section 21 フォントの種類やサイズを変更する

覚えておきたいキーワード

- ☑ フォント
- ☑ フォントサイズ
- ☑ ミニツールバー

スライドに入力した文字列は、フォントの種類やサイズを変更して、見やすくすることができます。文字列の書式は、プレースホルダー全体の文字列に対しても、プレースホルダー内の一部の文字列に対しても、設定できます。文字列の書式を変更するには、<ホーム>タブを利用します。

1 フォントの種類を変更する

 文字列の選択

手順❶のようにプレースホルダーを選択すると、プレースホルダー全体の文字列の書式を変更することができます。
また、文字列をドラッグして選択すると、選択した文字列のみの書式を変更することができます。

 フォントの種類はテーマによって異なる

あらかじめ設定されているフォントの種類は、テーマ（P.42参照）によって異なります。テーマのフォントパターン（Sec.22参照）は、日本語用の見出しのフォントと本文のフォント、英数字用の見出しのフォントと本文のフォントによって構成されています。

ステップアップ プレゼンテーション全体のフォントの種類の変更

プレゼンテーションのすべてのスライドタイトルや本文のフォントの種類を変更したい場合は、スライドを1枚1枚編集するのではなく、テーマのフォントパターンを変更します（Sec.22参照）。

 プレースホルダーの枠線をクリックしてプレースホルダーを選択し、

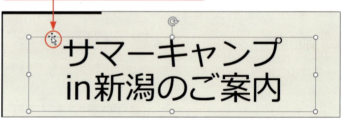

 ❷ <ホーム>タブをクリックして、
❸ <フォント>のここをクリックし、

❹ 目的のフォントをクリックすると、

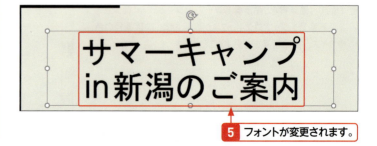

❺ フォントが変更されます。

2 フォントサイズを変更する

1 プレースホルダーの枠線をクリックしてプレースホルダーを選択し、

2 <ホーム>タブをクリックして、

3 <フォントサイズ>のここをクリックし、

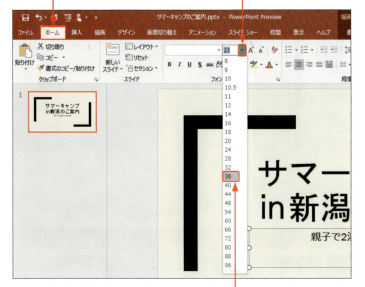

4 目的のフォントサイズをクリックすると、

in新潟のご案内
親子で2泊3日の自然体験

5 フォントサイズが変更されます。

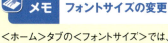 フォントサイズの変更

<ホーム>タブの<フォントサイズ>では、8ポイントから96ポイントまでのサイズの中から選択できます。また、<フォントサイズ>のボックスに直接数値を入力し、Enterを押しても、フォントサイズを指定できます。

 ミニツールバーの利用

文字列を選択すると、すぐ右上にミニツールバーが表示されます。ミニツールバーを利用しても、書式を設定できます。

 プレゼンテーション全体のフォントサイズの変更

プレゼンテーションのすべてのスライドタイトルや本文のフォントサイズを変更したい場合は、スライドを1枚1枚編集するのではなく、スライドマスターを変更します(P.280参照)。

Section 22 見出しと本文のフォントの組み合わせを変更する

覚えておきたいキーワード
☑ 見出し
☑ 本文
☑ フォントパターン

テーマには、英数字の見出しと本文、日本語の見出しと本文の4種類のフォントを組み合わせたフォントパターンが用意されています。テーマはそのままで、フォントパターンだけを変更することができます。また、オリジナルのフォントパターンを作成することも可能です。

1 フォントパターンを変更する

メモ テーマのフォントの変更

テーマにはそれぞれのフォントパターンが用意されており、<フォント>(Sec.21参照)の一覧に、<テーマのフォント>として表示されます。テーマのフォントパターンは変更することができ、スライドのデザインはそのままで、見出しと本文のフォントの組み合わせだけを変更することができます。

1 <デザイン>タブをクリックして、
2 <バリエーション>グループのここをクリックし、

3 <フォント>をポイントして、
4 目的のフォントパターンをクリックすると、

5 フォントパターンが変更されます。

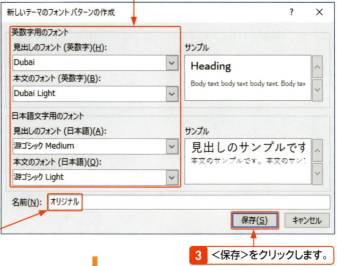

ステップアップ オリジナルのフォントパターンを作成する

オリジナルのフォントパターンを作成するには、P.72 手順4で＜フォントのカスタマイズ＞をクリックします。＜新しいテーマのフォントパターンの作成＞ダイアログボックスが表示されるので、英数字用の見出しと本文のフォント、日本語文字用の見出しと本文のフォントをそれぞれ設定し、＜名前＞にフォントパターンの名前を入力して、＜保存＞をクリックします。

作成したフォントパターンを削除するには、P.72 手順4の画面で、目的のフォントパターンを右クリックし、＜削除＞をクリックします。

1 それぞれのフォントを設定して、

2 フォントパターンの名前を入力し、

3 ＜保存＞をクリックします。

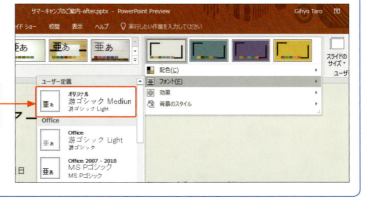

4 フォントパターンの一覧に作成したフォントパターンが表示されます。

Section 23 フォントの色やスタイルを変更する

覚えておきたいキーワード
- ☑ フォントの色
- ☑ 色の設定
- ☑ スタイル

スライドに入力した文字列は色を変更したり、太字や斜体、影などのスタイルを設定したりすることができます。これらの書式は、＜ホーム＞タブの＜フォント＞グループで設定します。重要な文字列は目立たせることで、より効果的なプレゼンテーションを作成することができます。

1 フォントの色を変更する

メモ　フォントの色の変更

フォントの色は、＜ホーム＞タブの＜フォントの色＞ ![A] の ▼ をクリックして表示されるパネルで色を指定します。
なお、文字列を選択して＜フォントの色＞ ![A] の ![A] をクリックすると、直前に選択した色を繰り返し設定することができます。

ヒント　その他のフォントの色を設定するには？

＜フォントの色＞ ![A] の ▼ をクリックすると表示されるパネルには、スライドに設定されたテーマの配色と、標準の色 10 色だけが用意されています。
その他の色を設定するには、手順 4 で＜その他の色＞をクリックして＜色の設定＞ダイアログボックス（下図参照）を表示し、目的の色を選択します。

1 プレースホルダーの枠線をクリックしてプレースホルダーを選択し、

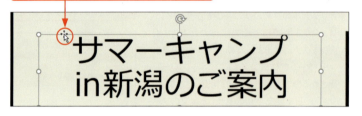

2 ＜ホーム＞タブをクリックして、

3 ＜フォントの色＞のここをクリックし、

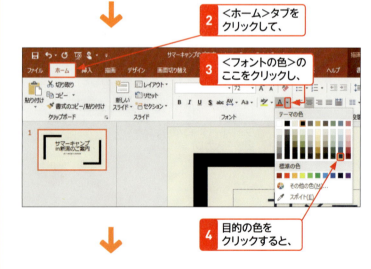

4 目的の色をクリックすると、

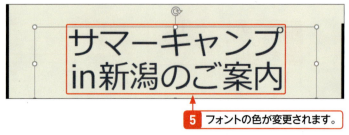

5 フォントの色が変更されます。

2 文字列にスタイルを設定する

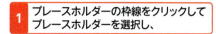
1 プレースホルダーの枠線をクリックしてプレースホルダーを選択し、

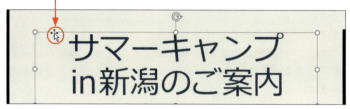

2 <ホーム>タブをクリックして、

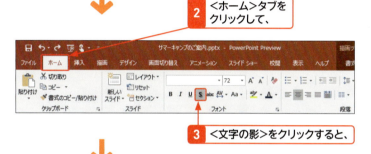

3 <文字の影>をクリックすると、

4 文字列に影が付きます。

メモ　スタイルの設定

文字列の強調などを目的として、「太字」や「斜体」、「下線」などを設定することができますが、これは文字書式の一種で「スタイル」と呼ばれます。

スタイルの設定は、<ホーム>タブの<太字> B 、<斜体> I 、<下線> U 、<文字の影> S 、<取り消し線> abc で行えます（下図参照）。なお、<文字の影>以外のスタイルの設定は<フォント>ダイアログボックス（下の「ステップアップ」参照）でも行えます。

ステップアップ　<フォント>ダイアログボックスの利用

フォントの種類や文字のサイズなどの書式をまとめて設定するには、<ホーム>タブの<フォント>グループのダイアログボックス起動ツール をクリックして<フォント>ダイアログボックスを表示します（P.32 〜 33 参照）。
ここでは、下線のスタイルや色、上付き文字など、<ホーム>タブにない書式も設定することができます。

Section 24 本文を段組みにする

覚えておきたいキーワード
- ☑ 段組み
- ☑ 自動調整オプション
- ☑ 間隔

テキストは、複数の段組みにすることができます。テキストの行数が多くて＜自動調整オプション＞が表示されている場合は、そこから2段組みに変更することができます。また、＜ホーム＞タブの＜段の追加または削除＞からも段組みを設定できます。

1 ＜自動調整オプション＞から2段組みにする

メモ ＜自動調整オプション＞の利用

テキストの量が多く、プレースホルダーに収まらなくなると、既定ではフォントサイズが調整され、プレースホルダーの左下に＜自動調整オプション＞が表示されます。
＜自動調整オプション＞をクリックして、＜スライドを2段組に変更する＞をクリックすると、テキストが2段組に変更されます。

1. プレースホルダーの内側をクリックして、

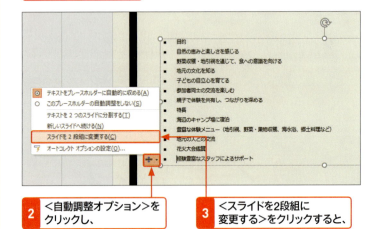

2. ＜自動調整オプション＞をクリックし、
3. ＜スライドを2段組に変更する＞をクリックすると、

4. プレースホルダーのテキストが2段組みに変更されます。

ステップアップ テキストを2つのスライドに分割する

テキストの量が多くてプレースホルダーに収まらない場合、手順3で＜テキストを2つのスライドに分割する＞をクリックすると、テキストを2つのスライドに分けることができます。

2 段数と間隔を指定して段組みを設定する

 プレースホルダーの枠線をクリックして選択し、

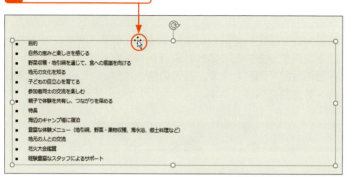

 <ホーム>タブの<段の追加または削除>をクリックして、

 <段組みの詳細設定>をクリックします。

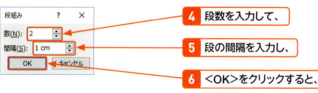

4 段数を入力して、

5 段の間隔を入力し、

6 <OK>をクリックすると、

7 段組みが設定されます。

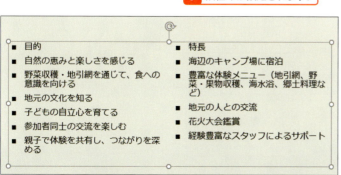

メモ 段組みの設定

<段組み>ダイアログボックスを利用すると、段数と間隔を指定して段組みを設定することができます。
また、手順3で<2段組み>または<3段組み>をクリックしても段組みを設定できますが、その場合、間隔を指定することはできません。

ヒント 段組みを元に戻すには?

複数の段組みを1段組みに戻すには、<ホーム>タブの<段の追加または削除>をクリックし、<1段組み>をクリックします。

ステップアップ テキストを縦書きにする

テキストを縦書きにするには、プレースホルダーをクリックして選択し、<ホーム>タブの<文字列の方向>をクリックして、<縦書き>または<縦書き(半角文字含む)>をクリックします。

1 <ホーム>タブの<文字列の方向>をクリックして、

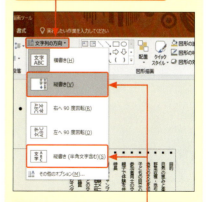

2 <縦書き>または<縦書き(半角文字含む)>をクリックします。

Section 25 段落レベルとインデントを調整する

覚えておきたいキーワード
- インデント
- 段落レベル
- ルーラー

テキストは、段落レベルを設定して階層構造にすることができます。行頭の位置（インデント）を変更する方法としては、段落レベルを下げるか、段落レベルを変更せずに行頭の位置を調整します。後者の場合は、ルーラーを表示して、インデントマーカーの位置を調整します。

1 段落レベルを下げる

 メモ　離れた文字列を同時に選択する

離れた文字列を同時に選択するには、Ctrlを押しながら目的の文字列を順にドラッグします。

メモ　段落レベルの設定

PowerPointでは、テキストに段落レベルを設定することができます。スライドマスターを利用すると（Sec.108参照）、プレゼンテーション全体の段落レベルごとの書式を変更することができます。

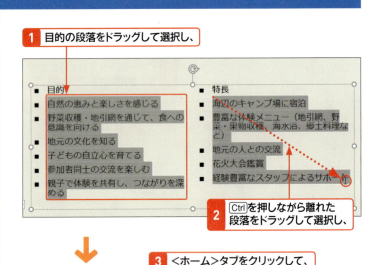

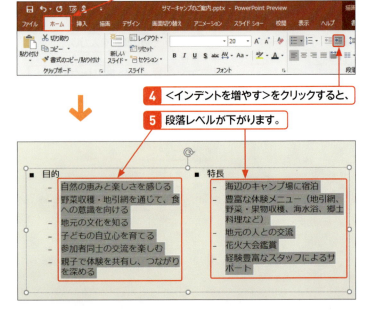

 ヒント　段落レベルを上げるには?

テキストの段落レベルを上げるには、目的の段落を選択し、<ホーム>タブの<インデントを減らす>をクリックします。

2 行頭の位置（インデント）を調整する

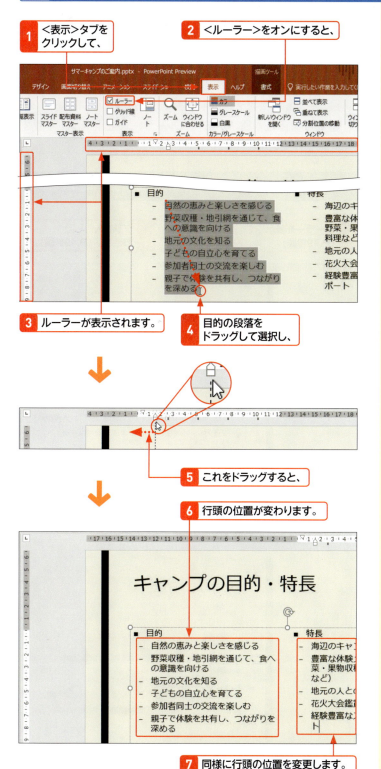

キーワード ルーラー

「ルーラー」とは、スライドウィンドウの上側・左側に表示される目盛のことです。インデントの調整や、タブ位置の調整（Sec.26参照）に利用します。ルーラーは、＜表示＞タブの＜ルーラー＞のオン／オフで、表示／非表示を切り替えることができます。

キーワード インデントマーカー

ルーラーを表示して、段落を選択すると、ルーラーにインデントマーカーが表示されます。インデントマーカーには次の3種類があり、ドラッグして位置を調整できます。

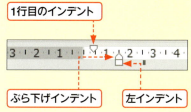

名称	機能
1行目のインデント	テキストの1行目の位置（箇条書きまたは段落番号が設定されている場合は行頭記号または番号の位置）を示しています。
ぶら下げインデント	テキストの2行目の位置（箇条書きまたは段落番号が設定されている場合は1行目のテキストの位置）を示しています。
左インデント	1行目のインデントとぶら下げインデントの間隔を保持しながら、両方を調整できます。

Section 26 タブの位置を調整する

覚えておきたいキーワード
- ☑ タブ
- ☑ タブ位置
- ☑ ルーラー

段落中の文字を任意の位置で揃えたい場合は、タブを利用すると便利です。タブ位置の調整は、ルーラーを表示して行います。タブの種類には、左揃え、中央揃え、右揃え、小数点揃えの4種類があり、ルーラーの左上をクリックすることで、タブの種類を切り替えることができます。

1 タブ位置を設定する

メモ タブの入力

項目名と内容の間の空白となる部分には、あらかじめ、を押してタブを入力しておきます（P.49参照）。また、「料金」の2行めのカッコ書きは、Shift + Enter を押して段落を変えずに改行し、行頭にタブを入力してあります。

1 ルーラーを表示して（P.79参照）、

2 タブを入力しておきます（P.49参照）。

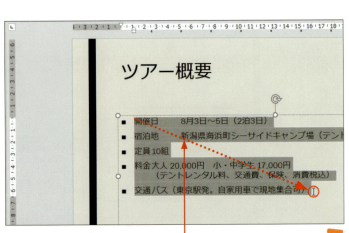

メモ 既定のタブ位置

プレースホルダーのテキストには、既定のタブ位置が設定されており、通常はそこで文字列が揃えられます。右の手順に従うと、既定のタブ位置以外に、任意の場所にタブ位置を設定できます。

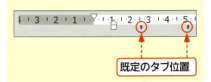
既定のタブ位置

3 タブ位置を設定する段落をドラッグして選択し、

Section 26 タブの位置を調整する

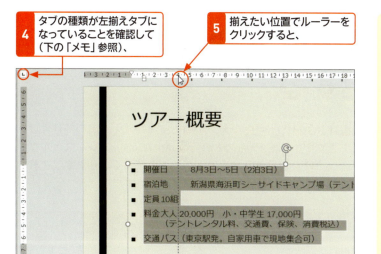

4 タブの種類が左揃えタブになっていることを確認して（下の「メモ」参照）、
5 揃えたい位置でルーラーをクリックすると、

ヒント タブ位置を変更するには？
タブ位置を設定したあとに、タブ位置を調整したい場合は、ルーラー上のタブマーカー L を目的の位置までドラッグします。

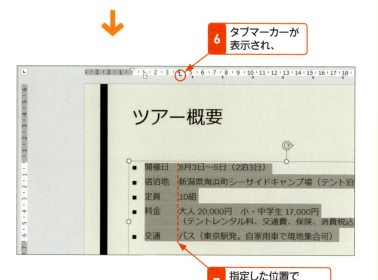

6 タブマーカーが表示され、
7 指定した位置で文字が揃えられます。

ヒント タブ位置を解除するには？
タブ位置を解除するには、タブマーカー L をルーラーの外側へドラッグします。

メモ タブの種類

タブの種類は、左揃えタブ L のほかに、中央揃えタブ、右揃えタブ、小数点揃えタブがあります。タブの種類は、ルーラーの左上をクリックして切り替えることができます（手順 4 参照）。

中央揃えタブ	1位　　佐藤 2位　　五十嵐
右揃えタブ	2017年　　850名 2018年　　1003名
小数点揃えタブ	はい　　51.23% いいえ　　33.47% 無回答　　15.3%

Section 27 段落の配置や行の間隔を変更する

覚えておきたいキーワード
☑ 中央揃え
☑ 右揃え
☑ 行間

段落の左右の配置は、左揃え、中央揃え、右揃え、両端揃え、均等割り付けに設定することができます。また、テキストの行数が少なくて、プレースホルダーに余白が多い場合は、行の間隔を広げると、バランスがよくなります。これらの設定は、<ホーム>タブの<段落>グループから行います。

1 段落の配置を変更する

メモ 段落の配置

プレースホルダー内の段落の左右の配置は、次の5種類から設定できます。

<左揃え>
サマーキャンプin新潟の
ご案内

<中央揃え>
サマーキャンプin新潟の
ご案内

<右揃え>
サマーキャンプin新潟の
ご案内

<両端揃え>
サマーキャンプin新潟の
ご案内

<均等割り付け>
サマーキャンプin新潟の
ご　　案　　内

1 プレースホルダーの枠線をクリックして選択し、

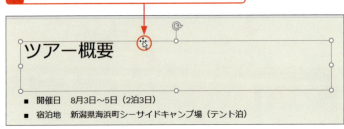

2 <ホーム>タブをクリックして、

3 <中央揃え>をクリックすると、

4 段落が中央揃えに変更されます。

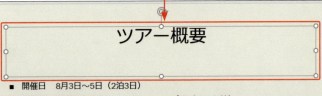

2 行の間隔を変更する

1 プレースホルダーの枠線をクリックして選択し、

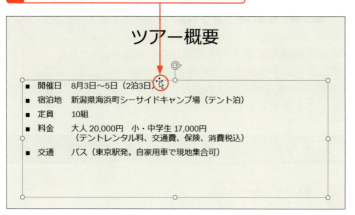

2 ＜ホーム＞タブをクリックして、 **3** ＜行間＞をクリックし、

4 目的の行間をクリックすると、

5 行間が変更されます。

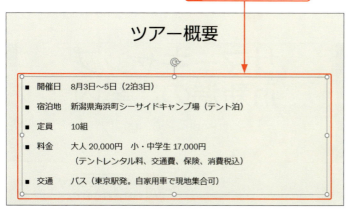

ヒント　一部の行間を変更するには？

左の手順では、プレースホルダー全体の行間を変更しています。一部の段落の行間を変更する場合は、目的の段落をドラッグして選択します。

ステップアップ　＜段落＞ダイアログボックスの利用

行間を詳細に設定したい場合は、手順❹で＜行間のオプション＞をクリックします。＜段落＞ダイアログボックスが表示されるので、行間を設定します。また、段落前や段落後の間隔も設定できます。

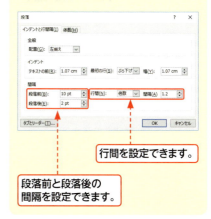

行間を設定できます。

段落前と段落後の間隔を設定できます。

Section 28 スライドの好きな場所に文字を入力する

覚えておきたいキーワード
- ☑ テキストボックス
- ☑ 横書きテキストボックス
- ☑ 縦書きテキストボックス

プレースホルダー以外の場所に文字列を配置したい場合は、「テキストボックス」を利用します。テキストボックスを利用すると、自由な位置に文字を入力することができます。テキストボックスの塗りつぶしや枠線の色は、＜描画ツール＞の＜書式＞タブで変更できます。

1 テキストボックスを作成する

メモ テキストボックスの作成

プレースホルダーとは関係なく、スライドに文字列を追加したい場合は、テキストボックスを利用します。
テキストボックスは、＜ホーム＞タブの＜図形描画＞グループや、＜挿入＞タブの＜図形＞からも挿入できます。

 ＜挿入＞タブの＜テキストボックス＞のここをクリックして、

２ ＜横書きテキストボックスの描画＞をクリックします。

 スライド上をクリックすると、

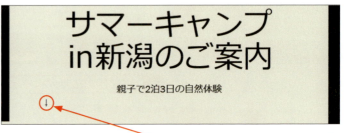

４ テキストボックスが作成されるので、

メモ 縦書きのテキストボックスの作成

縦書きのテキストボックスを作成するには、手順２で＜縦書きテキストボックス＞をクリックし、右の手順に従います。

5 文字列を入力します。

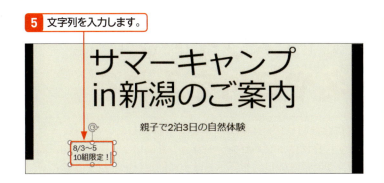

2 テキストボックスの塗りつぶしの色を変更する

1 テキストボックスの枠線をクリックして選択し、

2 ＜描画ツール＞の＜書式＞タブをクリックして、

3 ＜図形の塗りつぶし＞をクリックし、

4 目的の色（ここでは、＜アクア、アクセント5、白＋基本色40％＞）をクリックすると、

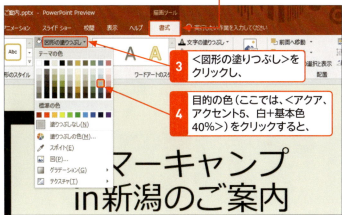

5 テキストボックスの塗りつぶしの色が変更されます。

ヒント テキストボックスの枠線を変更するには？

テキストボックスの枠線の色や種類、太さは、＜描画ツール＞の＜書式＞タブの＜図形の枠線＞から変更できます。

ステップアップ テキストボックスの余白を変更する

テキストボックス内の余白や、文字列の垂直方向の配置などを設定するには、テキストボックスを選択し、＜描画ツール＞の＜書式＞タブの＜図形のスタイル＞グループのダイアログボックス起動ツール🔲をクリックします。
＜図形の書式設定＞作業ウィンドウが表示されるので、＜文字のオプション＞をクリックして、＜テキストボックス＞🔲をクリックし、目的の項目を設定します。

Section 28 スライドの好きな場所に文字を入力する

第3章 文字の編集／書式設定

85

Section 29 すべてのスライドに会社名や日付を入れる

覚えておきたいキーワード
- ☑ フッター
- ☑ スライド番号
- ☑ タイトルスライド

すべてのスライドに会社名や日付、スライド番号を挿入したいときは、「フッター」を利用します。日付は、プレゼンテーションを開いた日を自動的に表示させる＜自動更新＞か、任意の日付を表示させる＜固定＞を選択することができます。

1 フッターを挿入する

ヒント 自動更新の日付を挿入するには？

右の手順では、任意の日付が表示されるように設定していますが、自動更新される日付を表示させることもできます。
なお、＜言語＞で＜日本語＞、＜カレンダーの種類＞で＜和暦＞を選択した場合は、時刻を表示させることはできません。

1 ＜自動更新＞をクリックして、

2 表示形式を選択し、

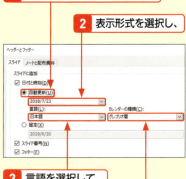

3 言語を選択して、

4 カレンダーの種類を選択します。

1 ＜挿入＞タブをクリックして、

2 ＜ヘッダーとフッター＞をクリックし、

3 ＜スライド＞をクリックして、

4 ＜日付と時刻＞をオンにし、

5 ＜固定＞をクリックして、

6 日付を入力します。

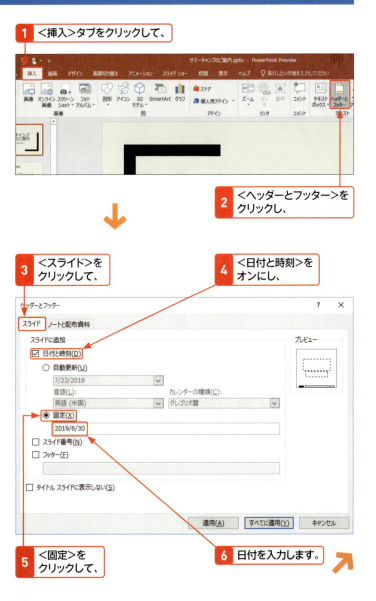

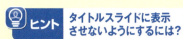

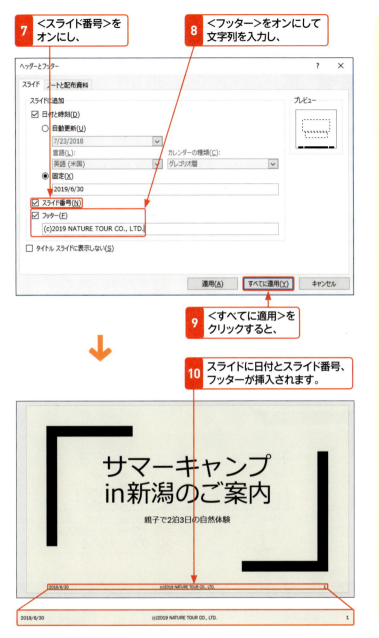

ヒント タイトルスライドに表示させないようにするには?

フッターをタイトルスライドに表示させないようにするには、手順7の画面で<タイトルスライドに表示しない>をオンにします。

ステップアップ フッターの書式や配置を変更する

フッターの書式や配置を変更する場合は、スライドマスターを利用します(Sec.108参照)。

ステップアップ スライド開始番号を変更する

タイトルスライドのスライド番号を非表示にすると(右上の「ヒント」参照)、スライド番号が2枚目のスライドの「2」から開始されます。「1」から開始されるように設定するには、<デザイン>タブの<スライドのサイズ>をクリックして、<ユーザー設定のスライドサイズ>をクリックし、<スライド開始番号>に「0」と入力します。

Section 30 ワードアートで文字を装飾する

覚えておきたいキーワード
☑ ワードアート
☑ 文字の塗りつぶし
☑ 文字の効果

PowerPointには、デザイン効果を加えて文字を作成できる「ワードアート」という機能があります。あらかじめ登録されているスタイルの中から好みのものを選択するだけで、デザインされたタイトルロゴなどがかんたんに作成できます。また、文字の塗りつぶしの色や枠線の色は、あとから変更できます。

1 文字列にワードアートスタイルを設定する

キーワード ワードアート

「ワードアート」とは、デザインされた文字を作成するための機能、またはその機能を使って作成された文字そのもののことです。ワードアートで作成された文字の色や効果などは、あとから変更することができます。

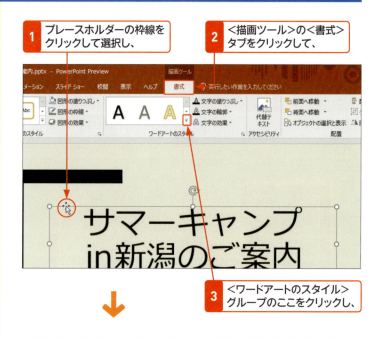

メモ テキストへのワードアートスタイルの適用

ワードアートスタイルは、プレースホルダー全体のテキストにも、一部の文字列にも適用することができます。文字列の一部だけにスタイルを適用するには、目的の文字列をドラッグして選択し、手順❷以降の操作を行います。

ヒント ワードアートスタイルを削除するには？

ワードアートスタイルを削除して、通常のテキストに戻すには、ワードアートをクリックして選択し、<描画ツール>の<書式>タブの<ワードアートのスタイル>の一覧から<ワードアートのクリア>をクリックします。

5 ワードアートスタイルが適用されます。

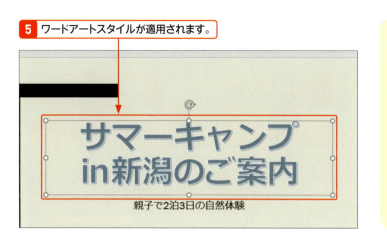

ヒント ワードアートの色を変更するには？

ワードアートの文字の輪郭の色を変更するには、＜描画ツール＞の＜書式＞タブの＜文字の輪郭＞をクリックして、目的の色をクリックします。
また、ワードアートの文字の塗りつぶしの色を変更するには、＜描画ツール＞の＜書式＞タブの＜文字の塗りつぶし＞をクリックして、目的の色をクリックします。

メモ ワードアートを挿入する

スライドに配置されているプレースホルダー以外の部分にワードアートを挿入したい場合は、＜挿入＞タブの＜ワードアート＞を利用します。
なお、この方法でワードアートを挿入した場合、ワードアートの文字列は、アウトライン表示モード（P.299 参照）の左側のウィンドウには表示されません。

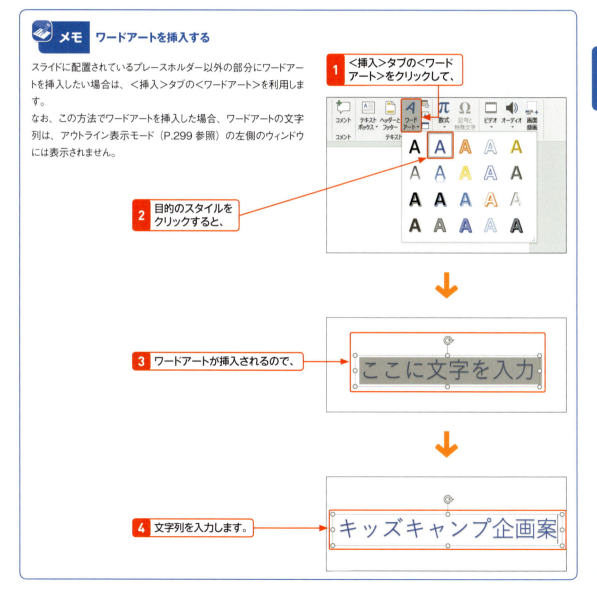

1 ＜挿入＞タブの＜ワードアート＞をクリックして、

2 目的のスタイルをクリックすると、

3 ワードアートが挿入されるので、

4 文字列を入力します。

ステップアップ　セクションの作成

PowerPointでは、「セクション」を作成して、スライドをグループ分けすることができます。

スライドの枚数の多いプレゼンテーションでセクションを作成すると、セクションごとに画面切り替え効果やデザインを設定したり、セクションをまとめて移動したりすることができます。

また、セクション名の左に表示されている ◢ や ▷ をクリックすると、セクションごとにスライドの表示／非表示を切り替えることができます。

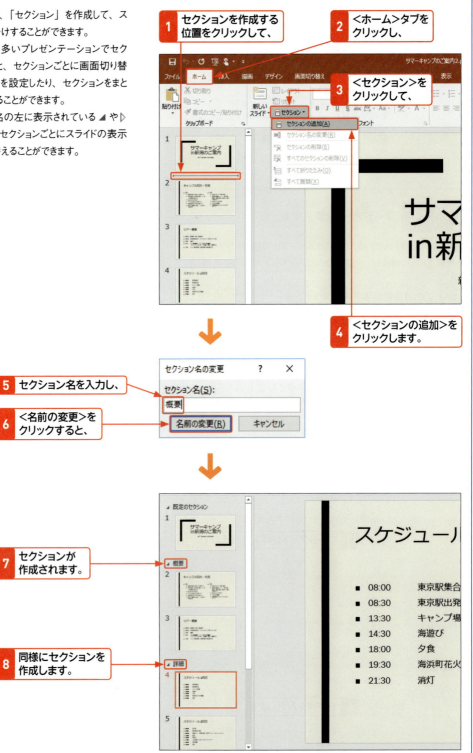

Chapter 04

第4章

図形の作成

Section		
31	PowerPoint 2019で作成できる図形
32	線を描く
33	矢印を描く
34	図形を描く
35	複雑な図形を描く
36	図形を移動／コピーする
37	図形の大きさや形状を変更する
38	図形を回転／反転する
39	図形の線や色を変更する
40	図形にグラデーションやスタイルを設定する
41	図形に文字列を入力する
42	図形の重なり順を調整する
43	図形の配置を調整する
44	図形を結合／グループ化する
45	SmartArtとは
46	SmartArtで図表を作成する
47	SmartArtに図形を追加する
48	SmartArtのスタイルを変更する
49	テキストをSmartArtに変換する
50	SmartArtを図形に変換する
51	既定の図形に設定する

Section 31 PowerPoint 2019で作成できる図形

覚えておきたいキーワード
☑ 図形
☑ グリッド線
☑ ガイド

PowerPoint 2016 では、直線、矢印、円、四角形などの基本的な図形はもちろん、吹き出しや星などの複雑な図形もかんたんに作成することができます。スライドに「グリッド線」とよばれる等間隔の点を表示すると、図形の作成や配置の際の目安になります。

1 さまざまな図形を作成できる

 メモ　図形の作成

PowerPoint 2019 では、右図のようなさまざまな図形をかんたんに作成することができます（Sec.32 〜 35 参照）。
また、＜フリーフォーム：図形＞や＜フリーフォーム：フリーハンド＞を利用すると、ドラッグ操作で自由に図形を作成できます。

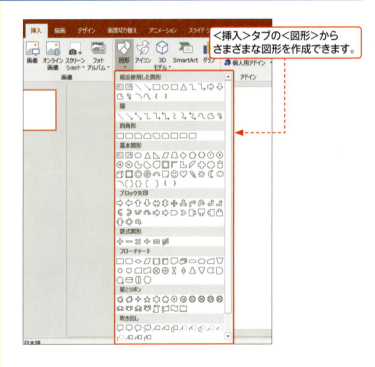

＜挿入＞タブの＜図形＞からさまざまな図形を作成できます。

 メモ　図形の編集

作成した図形は、あとからサイズや位置を変更したり、変形したりすることができます（Sec.36 〜 38 参照）。

図形の枠線は、色や太さ、種類を変更することができます。

 メモ　図形の書式設定

図形の枠線と塗りつぶしは、それぞれ色を変更できます。また、グラデーションを設定したり、図形のスタイルを設定したりすることも可能です（Sec.39 〜 40 参照）。

図形の塗りつぶしは、色を変更したり、グラデーションを設定したりできます。

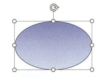

2 図形に文字列を入力できる

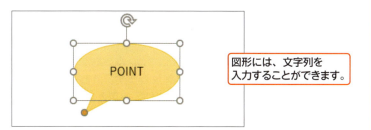

図形には、文字列を入力することができます。

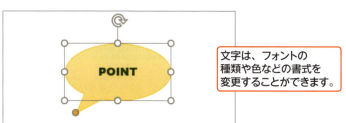

文字は、フォントの種類や色などの書式を変更することができます。

メモ　図形への文字列の入力

線や矢印などを除く図形には、文字列を入力することができます（Sec.41 参照）。文字列は、プレースホルダーのテキストと同様に書式を設定できます。

3 グリッド線を表示する

1 <表示>タブをクリックして、

2 <グリッド線>をオンにすると、

3 グリッド線が表示されます。

メモ　グリッド線の利用

グリッド線を表示すると、一定の間隔で点が表示されるので、図形の大きさや位置を揃えるときの目安になります。

ステップアップ　ガイドの表示

<表示>タブの<ガイド>をオンにすると、スライドの上下中央と左右中央にガイドが表示されます。ガイドはドラッグして移動することができます。また、Ctrl を押しながらドラッグすると、ガイドをコピーして複数表示することができます。

Section 32 線を描く

このセクションでは、直線と曲線を描く方法を解説します。直線を描くには、スライド上をドラッグします。また、曲線を描くには、始点とカーブの部分でクリックし、終点をダブルクリックします。線の色や太さ、種類は、あとから変更することができます（Sec.37参照）。

覚えておきたいキーワード
- ☑ 直線
- ☑ 曲線
- ☑ 頂点の編集

1 直線を描く

メモ　図形の作成

図形を作成するには、＜挿入＞タブの＜図形＞をクリックすると表示される一覧から、目的の図形を選択します。また、＜ホーム＞タブの＜図形描画＞グループからも、図形を作成できます。
なお、作成される図形の塗りつぶしや線の色は、プレゼンテーションに設定しているテーマやバリエーションによって異なります。

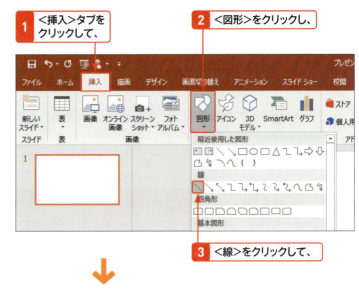

メモ　水平・垂直・45度の直線を描く

 を押しながらスライド上をドラッグすると、水平・垂直・45度の直線を描くことができます。

2 曲線を描く

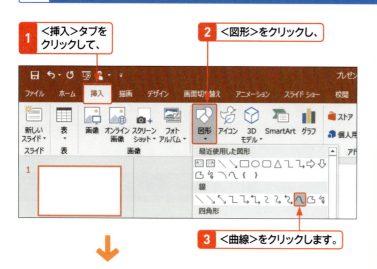

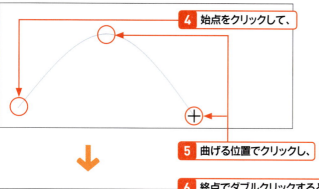

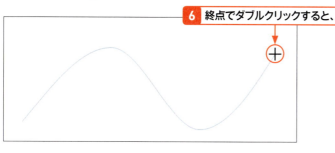

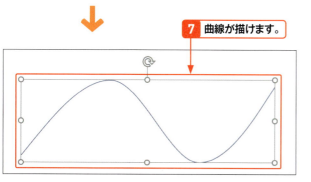

ヒント フリーハンドで自由な線を描くには？

左図で<フリーフォーム：フリーハンド>をクリックすると、ドラッグの軌跡どおりに線を描くことができます。

ステップアップ 曲線のカーブを調整する

曲線のカーブを調整するには、曲線を右クリックし、<頂点の編集>をクリックします。曲線に■が表示されるので、目的の■をクリックします。青線と□が表示されるので、□をドラッグすると、カーブの大きさが変わります。

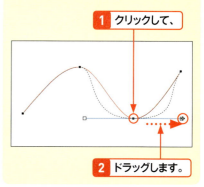

Section 33 矢印を描く

覚えておきたいキーワード
- ☑ 線矢印
- ☑ 線矢印：双方向
- ☑ ブロック矢印

矢印を描くには、＜挿入＞タブの＜図形＞から、＜線矢印＞または＜線矢印：双方向＞を選択して、直線を描くときと同じようにスライド上をドラッグします。また、＜図形＞には、幅の広いブロック矢印もさまざまな種類が用意されています。

1 矢印を描く

ヒント 双方向の矢印を描くには？

双方向矢印を描くには、右図で＜線矢印：双方向＞ をクリックし、スライド上をドラッグします。

ステップアップ 線を矢印に変更する

すでに描いた直線や曲線を、矢印に変更することもできます。その場合は、目的の線をクリックして選択し、＜描画ツール＞の＜書式＞タブの＜図形の枠線＞をクリックして、＜矢印＞をポイントし、目的の矢印の種類を選択します。

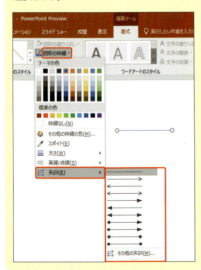

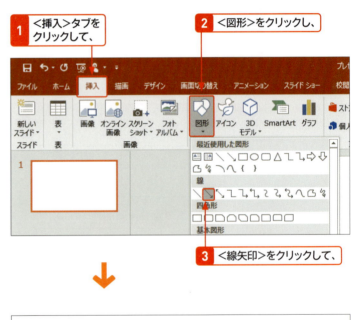

1 ＜挿入＞タブをクリックして、

2 ＜図形＞をクリックし、

3 ＜線矢印＞をクリックして、

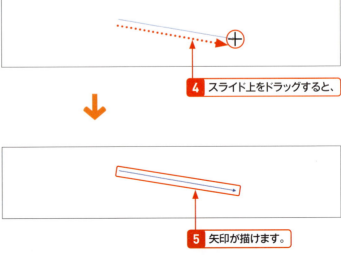

4 スライド上をドラッグすると、

5 矢印が描けます。

2 ブロック矢印を描く

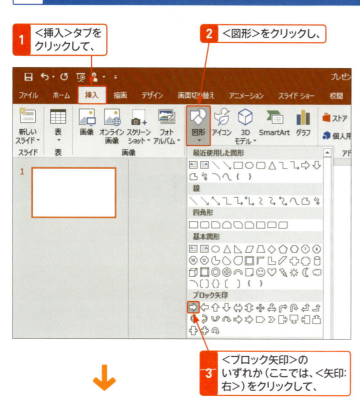

メモ ブロック矢印の作成

＜挿入＞タブの＜図形＞の＜ブロック矢印＞には、さまざまな種類のブロック矢印が用意されています。目的の大きさになるように、スライド上を斜めにドラッグします。

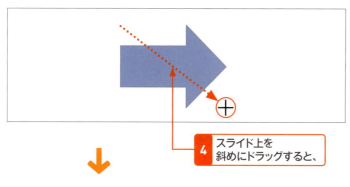

ヒント 斜め向きのブロック矢印を作成するには？

斜め向きのブロック矢印を作成するには、ブロック矢印を描いたあと、斜めに回転させます（Sec.38 参照）。

Section 34 図形を描く

覚えておきたいキーワード
- ☑ 楕円
- ☑ 正方形／長方形
- ☑ 描画モードのロック

PowerPoint では、四角形や円などの基本的な図形はもちろん、星や吹き出しといった複雑な図形も、かんたんに作成することができます。このセクションでは、既定の大きさの図形を作成する方法と、任意の大きさの図形を作成する方法を解説します。

1 既定の大きさの図形を作成する

ヒント 図形の大きさを変更するには？

作成した図形の大きさをあとから変更するには、図形の周囲に表示されている白いハンドル〇をドラッグします（Sec.37 参照）。

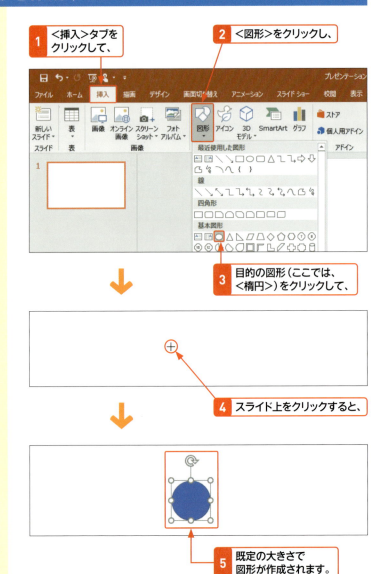

ヒント 図形を削除するには？

図形を削除するには、図形をクリックして選択し、Delete または BackSpace を押します。

2 任意の大きさの図形を作成する

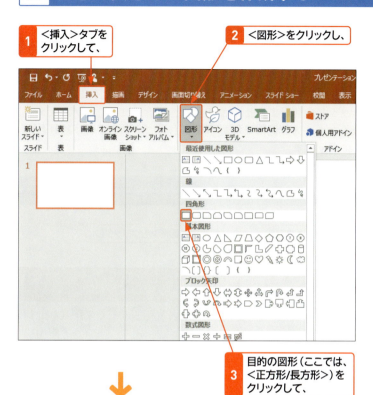

> **メモ** ドラッグによる図形の作成
>
> 左の手順のように、図形の種類を選択したあとでスライド上をドラッグすると、ドラッグした方向に目的の大きさの図形を作成することができます。
> このとき、Shiftを押しながらドラッグすると、縦横の比率を変えずに、目的の大きさで図形を作成できます。

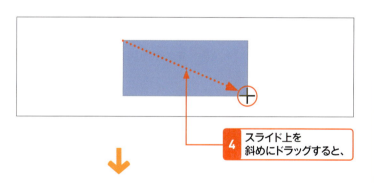

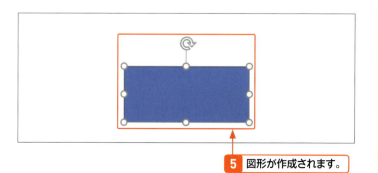

> **ヒント** 同じ図形を続けて作成するには？
>
> 手順3で目的の図形を右クリックし、＜描画モードのロック＞をクリックすると、同じ図形を続けて作成することができます。
> 図形の作成が終わったら、Escを押すと、マウスポインターが元の形に戻ります。

Section 35 複雑な図形を描く

覚えておきたいキーワード
☑ フリーフォーム：図形
☑ コネクタ
☑ 結合点

「フリーフォーム：図形」を利用すると、複雑な図形を作成することができます。また、「コネクタ」を利用すると、2つの図形を結合させることができます。コネクタで接続された一方の図形を移動させても、コネクタは切り離されず、結合されたままになります。

1 フリーフォームで多角形を描く

メモ　直線と曲線からなる図形を作成する

「フリーフォーム：図形」を利用すると、直線と曲線からなる図形や、曲線からなる図形も作成することができます。
直線を描く場合は角になる部分をクリックし、曲線を描く場合はドラッグします。

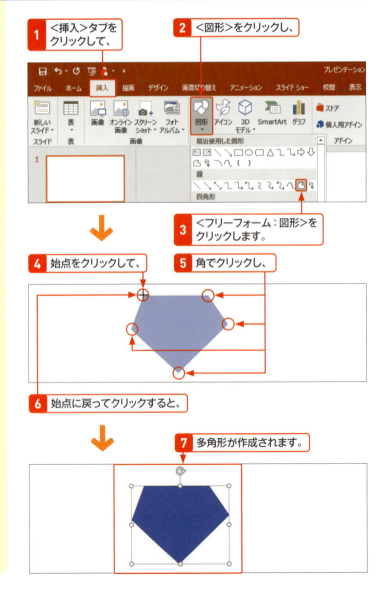

2 コネクタで2つの図形を結合する

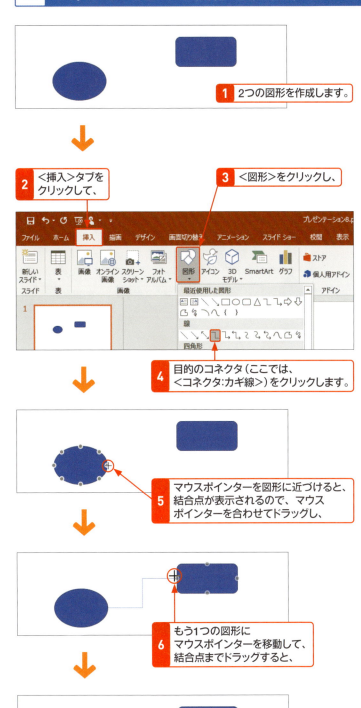

メモ 図形をコネクタで結合する

「コネクタ」とは、複数の図形を結合する線のことです。これを利用して、「フローチャート」（処理の流れを表した図）などを作成することができます。コネクタの種類には、＜コネクタ：カギ線＞、＜コネクタ：カギ線矢印＞、＜コネクタ：カギ線双方向矢印＞、＜コネクタ：曲線＞、＜コネクタ：曲線矢印＞、＜コネクタ：曲線双方向矢印＞があります。また、＜線＞や＜線矢印＞、＜線矢印：双方向＞もコネクタとして利用できます。

メモ 結合点をコネクタで結ぶ

コネクタで2つの図形を結合するときは、図形にマウスポインターを近づけると図形の周囲に表示される結合点どうしを、コネクタで結びます。結合点以外の部分にコネクタを描くと、図形を移動したときにコネクタは切り離されます。

ヒント 結合された図形の一方を移動すると？

コネクタで結合された2つの図形は、どちらか一方を移動しても（P.102参照）、コネクタが伸び縮みして、結合部分は切り離されません。

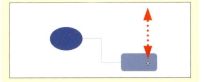

Section 36 図形を移動／コピーする

覚えておきたいキーワード
- ☑ 移動
- ☑ コピー・貼り付け
- ☑ クリップボード

作成した図形は、ドラッグして自由に移動することができます。また、同じ色や形、大きさの図形が必要な場合は、図形のコピーを作成すると、何度も同じ図形を作成する手間が省けます。図形の移動やコピーは、同じスライドだけでなく、他のスライドへも行うことができます。

1 図形を移動する

メモ 図形の移動

Shift を押しながらドラッグすると、図形を水平・垂直方向に移動できます。
右の手順のほかに、図形を選択し、↑↓←→を押しても図形を移動することができます。

メモ コマンドの利用

図形をクリックして選択し、＜ホーム＞タブの＜切り取り＞をクリックして、＜貼り付け＞のアイコン部分 をクリックしても、図形を移動することができます。
貼り付ける前に移動先のスライドを選択すると、選択したスライドに図形が移動します。

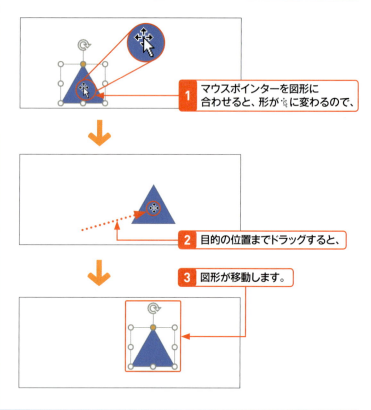

1 マウスポインターを図形に合わせると、形が✤に変わるので、

2 目的の位置までドラッグすると、

3 図形が移動します。

2 図形をコピーする

メモ 図形のコピー

Shift と Ctrl を同時に押しながらドラッグすると、水平・垂直方向に図形のコピーを作成することができます。

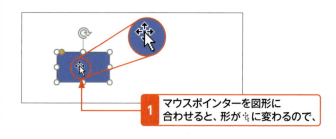

1 マウスポインターを図形に合わせると、形が✤に変わるので、

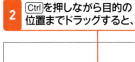

2 Ctrl を押しながら目的の位置までドラッグすると、

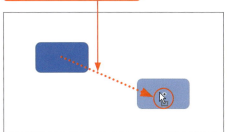

3 コピーが作成されます。

メモ コマンドの利用

図形をクリックして選択し、＜ホーム＞タブの＜コピー＞をクリックして、＜貼り付け＞のアイコン部分をクリックしても、図形をコピーすることができます。

貼り付ける前にコピー先のスライドを選択すると、選択したスライドに図形がコピーされます。

ステップアップ Office クリップボードの利用

「クリップボード」とは、＜切り取り＞や＜コピー＞をクリックしたときに、切り取った、またはコピーしたデータが一時的に保管される場所のことです。

クリップボードは、Windows の機能の1つで、文字列など、データの種類によっては異なるアプリケーションに貼り付けることもできます。Windows のクリップボードには1つのデータしか保管できませんが、Office のアプリケーションでは最大 24 個までのデータを保管できる「Office クリップボード」を利用できます。Office クリップボードに保管されているデータは、すべての Office アプリケーションを終了するまで、データを再利用できます。

Office クリップボードを利用するには、＜ホーム＞タブの＜クリップボード＞グループでダイアログボックス起動ツールをクリックすると＜クリップボード＞が表示されるので、ここで貼り付けたいデータをクリックします。

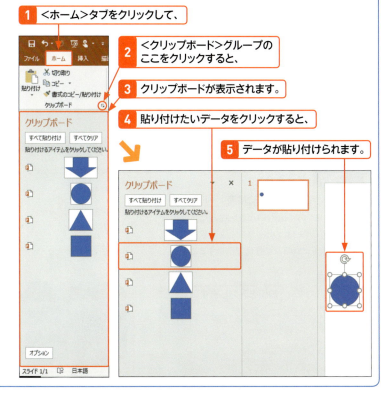

1 ＜ホーム＞タブをクリックして、
2 ＜クリップボード＞グループのここをクリックすると、
3 クリップボードが表示されます。
4 貼り付けたいデータをクリックすると、
5 データが貼り付けられます。

Section 36 図形を移動・コピーする

第 4 章 図形の作成

103

Section 37 図形の大きさや形状を変更する

覚えておきたいキーワード
☑ ハンドル
☑ サイズ
☑ 形状

図形の大きさを変更するには、図形を選択すると周囲に表示される白いハンドルをドラッグします。また、角丸四角形の角の大きさや吹き出しの引き出し位置、ブロック矢印の矢の大きさなど、図形の形状を変更するには、黄色いハンドルをドラッグします。

1 図形の大きさを変更する

メモ 図形の大きさの変更

図形をクリックして選択すると周りに表示される白いハンドル〇にマウスポインターを合わせると、マウスポインターの形が に変わります。この状態でドラッグすると、図形のサイズを変更することができます。また、Shiftを押しながらドラッグすると、図形の縦横比を変えずにサイズを変更することができます。

ステップアップ 図形のサイズを数値で指定する

図形をクリックして選択し、＜描画ツール＞の＜書式＞タブの＜図形の高さ＞ と＜図形の幅＞ それぞれのボックスに数値を入力すると、図形のサイズを数値で指定することができます。

数値を入力します。

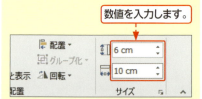

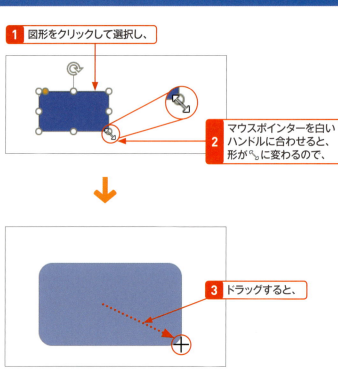

1 図形をクリックして選択し、

2 マウスポインターを白いハンドルに合わせると、形が に変わるので、

3 ドラッグすると、

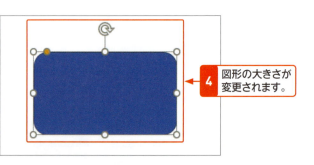

4 図形の大きさが変更されます。

第4章 図形の作成

104

2 図形の形状を変更する

1 図形をクリックして選択し、

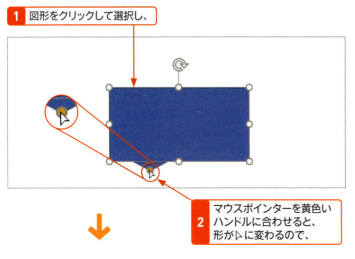

2 マウスポインターを黄色いハンドルに合わせると、形が ▷ に変わるので、

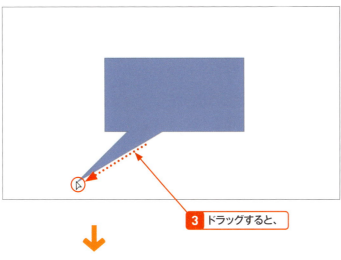

3 ドラッグすると、

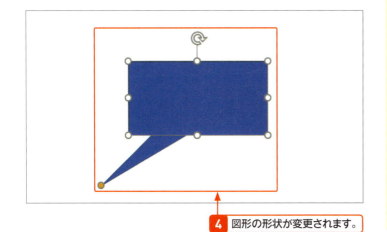

4 図形の形状が変更されます。

メモ 図形の形状の変更

角丸四角形や吹き出し、星、ブロック矢印など、図形の種類によっては、図形の形状を変更するための黄色いハンドル●が用意されています。

ステップアップ 図形の種類の変更

作成した図形は、楕円から四角形といったように、あとから種類を変更することができます。その場合は、図形を選択し、＜描画ツール＞の＜書式＞タブの＜図形の編集＞をクリックして、＜図形の変更＞をポイントし、目的の図形を選択します。

Section 38 図形を回転／反転する

覚えておきたいキーワード
- ☑ 回転
- ☑ 反転
- ☑ ハンドル

図形は、図形をクリックして選択すると表示される矢印のハンドルをドラッグしたり、角度を指定したりして、回転させることができます。また、＜描画ツール＞の＜書式＞タブの＜回転＞から、図形を上下や左右に反転させることも可能です。

1 図形を回転する

メモ ドラッグで図形を回転する

図形を回転させるには、矢印のハンドル⟲にマウスポインターを合わせてドラッグします。図形は、図形の中心を基準に回転します。また、Shiftを押しながら矢印のハンドル⟲をドラッグすると、15度ずつ回転させることができます。

ステップアップ 角度を指定して図形を回転させる

角度を指定して図形を回転するには、図形を選択して、＜描画ツール＞の＜書式＞タブの＜回転＞をクリックし、＜その他の回転オプション＞をクリックします。＜図形の書式設定＞作業ウィンドウが表示されるので、＜回転＞ボックスに角度を入力します。

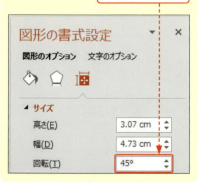
角度を入力します。

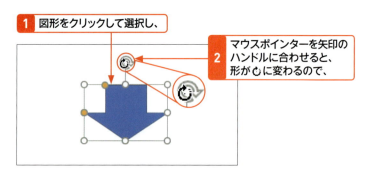
1 図形をクリックして選択し、
2 マウスポインターを矢印のハンドルに合わせると、形が⟲に変わるので、

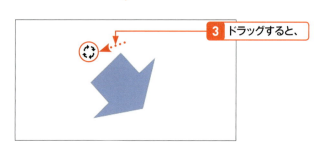
3 ドラッグすると、

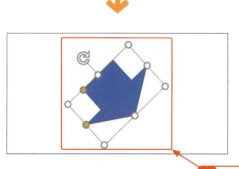
4 図形が回転します。

2 図形を反転する

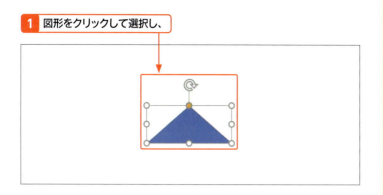

1 図形をクリックして選択し、

> **メモ　図形の反転**
>
> 図形を選択して、＜描画ツール＞の＜書式＞タブの＜回転＞をクリックし、＜上下反転＞をクリックすると上下に、＜左右反転＞をクリックすると左右に、それぞれ反転できます。

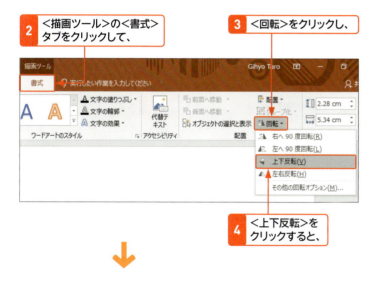

2 ＜描画ツール＞の＜書式＞タブをクリックして、

3 ＜回転＞をクリックし、

4 ＜上下反転＞をクリックすると、

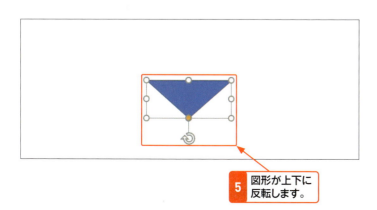

5 図形が上下に反転します。

Section 39 図形の線や色を変更する

覚えておきたいキーワード
- ☑ 図形の枠線
- ☑ 図形の塗りつぶし
- ☑ スポイト

図形の枠線や直線、曲線などの太さや種類は変更することができます。また、プレゼンテーションのポイントとなる図形には、特別な色を設定して強調すると効果的です。図形の塗りつぶしと枠線は、それぞれ自由な色を設定することができます。

1 線の太さを変更する

メモ 線の書式

図形の枠線や直線、曲線などの線の書式は、＜描画ツール＞の＜書式＞タブの＜図形の枠線＞で設定することができます。

ステップアップ 6ptよりも太い線に設定する

右の手順では、線の太さを6ptまでしか設定できません。6ptよりも太くしたい場合は、手順 で＜その他の線＞をクリックします。＜図形の書式設定＞作業ウィンドウが表示されるので、＜幅＞に数値を入力します。

ヒント 線の種類を変更するには？

線を破線や点線に変更したい場合は、手順 4 で＜実線 / 点線＞をポイントし、目的の線の種類をクリックします。

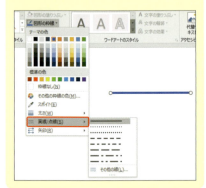

1 図形をクリックして選択し、

2 ＜描画ツール＞の＜書式＞タブをクリックして、

3 ＜図形の枠線＞のここをクリックし、

4 ＜太さ＞をポイントして、

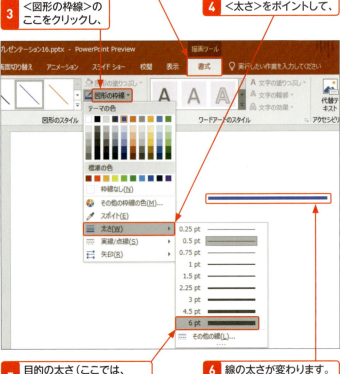

5 目的の太さ（ここでは、＜6pt＞）をクリックすると、

6 線の太さが変わります。

2 線や塗りつぶしの色を変更する

Section 39 図形の線や色を変更する

1 図形をクリックして選択し、

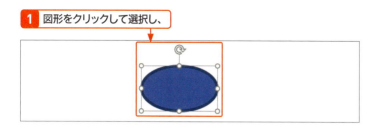

2 <描画ツール>の<書式>タブをクリックして、

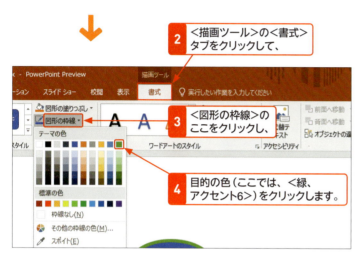

3 <図形の枠線>のここをクリックし、

4 目的の色（ここでは、<緑、アクセント6>）をクリックします。

5 続けて<図形の塗りつぶし>のここをクリックし、

6 目的の色（ここでは、<ゴールド、アクセント4、白+基本色60%>）をクリックすると、

7 図形の枠線と塗りつぶしの色が変更されます。

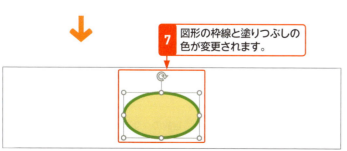

メモ 図形の色の変更

直線や曲線、図形の枠線の色は<描画ツール>の<書式>タブの<図形の枠線>から、図形の塗りつぶしの色は<図形の塗りつぶし>から変更できます。
<テーマの色>に表示されている色は、プレゼンテーションに設定されているテーマとバリエーションで使用されている配色（Sec.19参照）です。<テーマの色>から色を選択した場合、テーマやバリエーションを変更すると、それに合わせて図形の色も変わります。

ヒント 線や塗りつぶしの色をなしにするには？

図形の枠線をなくしたい場合は、手順**4**で<枠線なし>をクリックします。また、図形の色を透明にしたい場合は、手順**6**で<塗りつぶしなし>をクリックします。

ステップアップ 目的の色が表示されない

目的の色が一覧に表示されない場合は、手順**4**で<その他の枠線の色>や**6**で<塗りつぶしの色>をクリックします。<色の設定>ダイアログボックスが表示されるので、目的の色をクリックし、<OK>をクリックします。

ステップアップ 他のオブジェクトと同じ色にする

他の図形や画像などと色を同じにしたい場合は、手順**4**や**6**で<スポイト>をクリックし、他のオブジェクトの目的の色の部分をクリックします。

第4章 図形の作成

Section 40 図形にグラデーションやスタイルを設定する

覚えておきたいキーワード
- ☑ グラデーション
- ☑ スタイル
- ☑ 効果

図形には、かんたんにグラデーションを設定することができます。また、枠線や塗りつぶしの色や影などの書式が組み合わされた「スタイル」が用意されており、図形の書式をかんたんに整えることができます。ほかにも、影やぼかし、3-D回転などの「効果」を設定することも可能です。

1 グラデーションを設定する

ステップアップ オリジナルのグラデーションを設定する

グラデーションは、右の手順のようにあらかじめ用意されているバリエーションから選ぶことができますが、自分で色や角度などを設定することも可能です。その場合は、手順5で＜その他のグラデーション＞をクリックして、表示される＜図形の書式設定＞作業ウィンドウで＜塗りつぶし（グラデーション）＞をクリックし、種類や色、角度などを設定します。

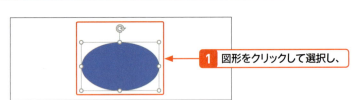

1 図形をクリックして選択し、

2 ＜描画ツール＞の＜書式＞タブをクリックして、

3 ＜図形の塗りつぶし＞のここをクリックし、

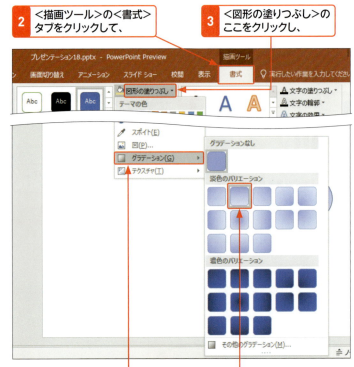

4 ＜グラデーション＞をポイントして、

5 目的のグラデーション（ここでは、＜下方向＞）をクリックすると、

1 ＜塗りつぶし（グラデーション）＞をクリックし、

2 種類や方向、角度、色などを設定します。

第4章 図形の作成

110

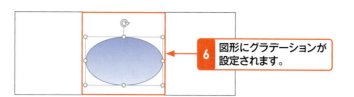

6 図形にグラデーションが設定されます。

2 スタイルを設定する

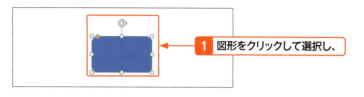

1 図形をクリックして選択し、

2 <描画ツール>の<書式>タブをクリックして、

3 <図形のスタイル>グループのここをクリックし、

4 目的のスタイル（ここでは、<パステル-ゴールド、アクセント6>）をクリックすると、

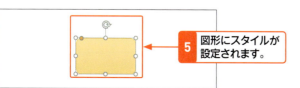

5 図形にスタイルが設定されます。

ヒント グラデーションを削除するには？

グラデーションを削除するには、P.110 手順 5 で<グラデーションなし>をクリックします。

メモ スタイルの配色

スタイルの配色は、プレゼンテーションに設定されているテーマやバリエーション（Sec.18 参照）によって異なります。

ステップアップ 図形に効果を設定する

図形には、影、反射、光彩、ぼかし、面取り、3-D 回転の効果を設定することができます。図形をクリックして選択し、<描画ツール>の<書式>タブの<図形の効果>をクリックして、目的の効果を選択します。

Section 41 図形に文字列を入力する

覚えておきたいキーワード
☑ 図形
☑ 文字のオプション
☑ 余白

楕円や長方形、三角形などの図形には、文字列を入力することができます。図形に文字列を入力するには、図形を選択して、そのまま文字列を入力します。また、入力した文字列は、＜ホーム＞タブでフォントの種類やサイズ、色などの書式を設定できます。

1 作成した図形に文字列を入力する

 メモ　図形への文字列の入力

線以外の図形には、文字列を入力できます。文字列は、図形をクリックして選択すれば、そのまま入力できます。

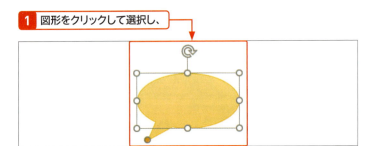

2 文字列の書式を変更する

 メモ　図形の文字列の書式設定

図形に入力した文字列の書式は、プレースホルダーの文字列と同様、＜ホーム＞タブで設定できます。

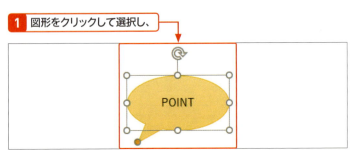

第4章　図形の作成

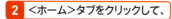

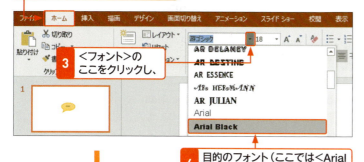

ヒント 一部の文字列の書式を変更するには？

図形を選択してから書式を変更すると、図形に入力した文字列全体に変更が適用されます。一部の文字列の書式を変更するには、目的の文字列をドラッグして選択してから、書式を設定します。

ステップアップ 文字列の周囲の余白や配置

図形に入力した文字列の周囲の余白や、文字列の垂直方向の配置などを設定するには、図形を選択し、＜描画ツール＞の＜書式＞タブの＜図形のスタイル＞グループのダイアログボックス起動ツール🖼をクリックします。
＜図形の書式設定＞作業ウィンドウが表示されるので、＜文字のオプション＞をクリックして、＜テキストボックス＞🖼をクリックし、目的の項目を設定します。

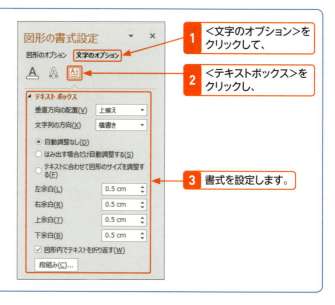

Section 42 図形の重なり順を調整する

覚えておきたいキーワード
- ☑ 前面へ移動
- ☑ 背面へ移動
- ☑ ＜選択＞ウィンドウ

図形を複数作成すると、新しく描かれたものほど前面に表示されます。重なった図形は、前後の順序を変更することができます。また、前面の図形に隠れて選択できない図形は、＜選択＞ウィンドウを利用すると、選択できるようになります。

1 図形の重なり順を変更する

メモ ＜ホーム＞タブの利用

＜ホーム＞タブの＜配置＞をクリックして、＜オブジェクトの順序＞から目的の項目をクリックしても、図形の重なり順を変更することができます。

1 目的の図形をクリックして選択し、

ヒント 最背面に移動するには？

選択した図形を最背面に移動するには、手順4で＜最背面へ移動＞をクリックします。

ヒント 前面に移動するには？

選択した図形を前面に移動するには、手順3の画面で＜前面へ移動＞のをクリックし、＜前面へ移動＞をクリックします。また、＜最前面へ移動＞をクリックすると、最前面へ移動させることができます。

2 ＜描画ツール＞の＜書式＞タブをクリックして、

3 ＜背面へ移動＞のここをクリックし、

4 ＜背面へ移動＞をクリックすると、

5 図形が1段階背面へ移動します。

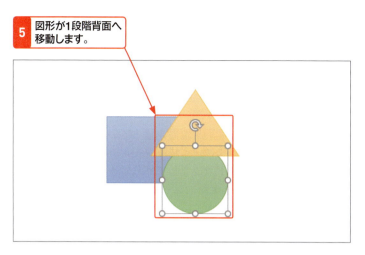

Section 42 図形の重なり順を調整する

ステップアップ ＜選択＞ウィンドウの利用

＜ホーム＞タブの＜選択＞をクリックして、＜オブジェクトの選択と表示＞をクリックすると、＜選択＞ウィンドウが表示されます。スライド上のオブジェクトが一覧で表示されるので、目的のオブジェクトをクリックして選択できます。背後に隠れて見えない図形を選択するときなどに便利です。

1 ＜ホーム＞タブの＜選択＞をクリックし、

2 ＜オブジェクトの選択と表示＞をクリックして、

3 目的の図形をクリックすると、

4 図形が選択されます。

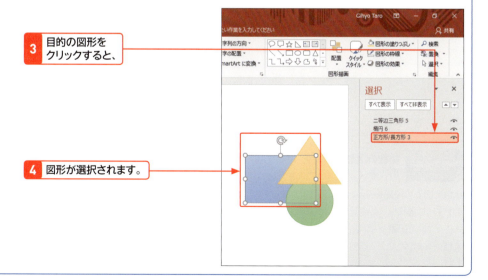

第4章 図形の作成

115

Section 43 図形の配置を調整する

覚えておきたいキーワード
☑ 配置
☑ 整列
☑ スマートガイド

複数の図形を配置するときに、図形の間隔や位置が揃っていないと、見映えがよくありません。図形の配置を整えるには、<描画ツール>の<書式>タブの<配置>を利用します。また、図形をドラッグして移動するときに表示される「スマートガイド」を利用しても、図形を整列させることができます。

1 複数の図形を等間隔に配置する

メモ 複数の図形の選択

複数の図形を選択するには、右図のように目的の図形を囲むようにドラッグするか、目的の図形を Shift または Ctrl を押しながら順にクリックします。

1 揃えたい図形がすべて囲まれるようにドラッグして図形を選択し、

2 <描画ツール>の<書式>タブをクリックして、
3 <配置>をクリックし、
4 <左右に整列>をクリックすると、

メモ 複数の図形の間隔を揃える

複数の図形の間隔を揃えるには、目的の図形をすべて選択し、<描画ツール>の<書式>タブの<配置>をクリックして、<左右に整列>または<上下に整列>をクリックします。

5 図形が等間隔で配置されます。

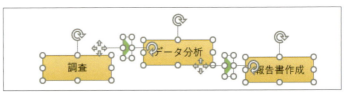

第4章 図形の作成

2 複数の図形を整列させる

1 揃えたい図形がすべて囲まれるようにドラッグして図形を選択し、

2 <描画ツール>の<書式>タブをクリックして、

3 <配置>をクリックし、

4 <上下中央揃え>をクリックすると、

5 図形が上下中央で揃えられます。

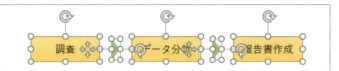

メモ <ホーム>タブの利用

複数の図形の間隔や位置を揃えたい場合は、<ホーム>タブの<配置>も利用できます。

1 <ホーム>タブの<配置>をクリックして、

2 <配置>をポイントします。

ステップアップ スライドを基準に図形を配置する

スライドの左右中央など、スライドを基準に図形を揃えたい場合は、手順**3**のあとに<スライドに合わせて配置>をクリックしてから、揃える位置をクリックします。

メモ スマートガイドの利用

図形をドラッグして移動すると、他の図形の端や中央と揃ったときや、他の図形との間隔が揃ったときに、「スマートガイド」が表示されます。これを目安にして図形の配置を調整することもできます。

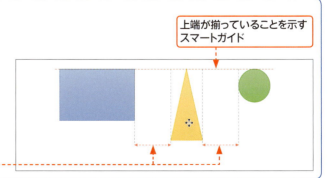

上端が揃っていることを示すスマートガイド

等間隔であることを示すスマートガイド

Section 44 図形を結合／グループ化する

覚えておきたいキーワード
☑ 図形の結合
☑ グループ化
☑ グループ解除

「図形の結合」を利用すると、複数の図形を組み合わせて、接合、型抜き、切り出しなどの加工を行うことができます。また、複数の図形を「グループ化」しておくと、1つの図形のように扱えるので、まとめて移動したり、一括して大きさを変えたりするときに便利です。

1 複数の図形を結合する

メモ 図形の結合の種類

図形の結合には、＜接合＞、＜型抜き／合成＞、＜切り出し＞、＜重なり抽出＞、＜単純型抜き＞の5種類があります。

元の図形

＜接合＞

＜型抜き／合成＞

＜切り出し＞

＜重なり抽出＞

＜単純型抜き＞

1 結合する図形がすべて囲まれるようにドラッグして図形を選択し、

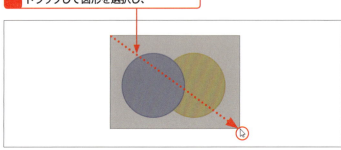

2 ＜描画ツール＞の＜書式＞タブをクリックして、

3 ＜図形の結合＞をクリックし、

4 目的の結合の種類(ここでは、＜接合＞)をクリックすると、

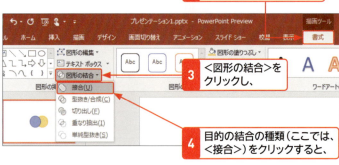

5 図形が接合されます。

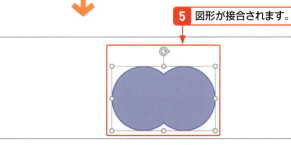

ヒント グループ化されていると結合できない

図形がグループ化(P.119参照)されていると結合できないので、グループ化を解除してから(P.119「ヒント」参照)、結合します。

2 複数の図形をグループ化する

1 グループ化する図形がすべて囲まれるようにドラッグして図形を選択し、

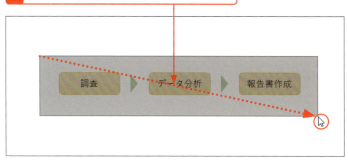

キーワード グループ化

「グループ化」とは、複数の図形を1つにまとめることです。
グループ化は、＜描画ツール＞の＜書式＞タブの＜グループ化＞または＜ホーム＞タブの＜配置＞から行います。

2 ＜描画ツール＞の＜書式＞タブをクリックして、

3 ＜グループ化＞をクリックし、

4 ＜グループ化＞をクリックすると、

ステップアップ グループ化した図形を個別に編集する

グループ化した図形を個別に編集するには、グループ化された図形をクリックしてグループ化された図形全体を選択し、目的の図形をクリックして特定の図形を選択します。サイズの変更や移動、色の変更などを行うことができます。

5 図形がグループ化されます。

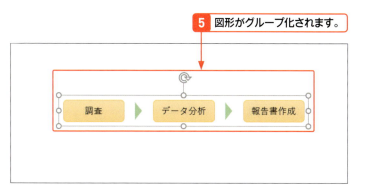

ヒント グループ化を解除するには？

図形のグループ化を解除するには、グループ化された図形をクリックして選択し、＜描画ツール＞の＜書式＞タブの＜グループ化＞をクリックして、＜グループ解除＞をクリックします。

Section 45 SmartArtとは

覚えておきたいキーワード
☑ SmartArt
☑ 図表
☑ 組織図

「SmartArt」は、PowerPointに用意されている図表作成機能です。手順や階層構造、集合関係、マトリックスなど、豊富に用意されたレイアウトから、目的のものを選択し、各図形に文字列を入力するだけで、かんたんに図表を作成することができます。

1 豊富なレイアウト

 メモ　SmartArtのレイアウト

SmartArtには、＜リスト＞、＜手順＞、＜循環＞、＜階層構造＞、＜集合関係＞、＜マトリックス＞、＜ピラミッド＞、＜図＞の8種類に分類されたレイアウトが用意されています。

SmartArtには、豊富なレイアウトが用意されています。

2 SmartArtの使用例

 メモ　＜手順＞のSmartArt

＜手順＞は、手順や流れを図解したいときに利用します。＜手順＞には下図のようなレイアウトがあります。

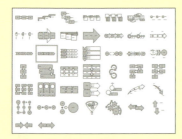

＜手順＞：＜開始点強調型プロセス＞

<循環>：<ボックス循環>

メモ <循環>の SmartArt

<循環>は、繰り返される流れを図解したいときに利用します。<循環>には下図のようなレイアウトがあります。

<階層構造>：<階層>

メモ <階層構造>の SmartArt

<階層構造>は、組織図など階層のあるものを図解したいときに利用します。<階層構造>には下図のようなレイアウトがあります。

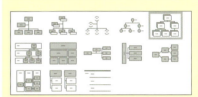

<集合関係>：<基本ベン図>

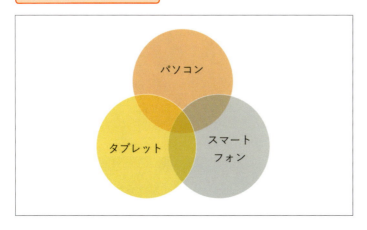

メモ <集合関係>の SmartArt

<集合関係>は、ベン図やターゲット図などの集合関係を図解したいときに利用します。<集合関係>には下図のようなレイアウトがあります。

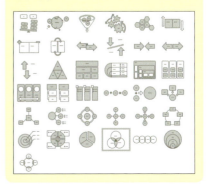

Section 46 SmartArtで図表を作成する

覚えておきたいキーワード
- ☑ SmartArt グラフィックの挿入
- ☑ レイアウト
- ☑ 手順

SmartArt で図表を作成するには、レイアウトを選択して、文字列を入力します。文字列は、各図形に直接入力します。ここでは、＜手順＞の＜開始点強調型プロセス＞のレイアウトを利用して SmartArt を挿入し、文字列を入力する方法を解説します。

1 SmartArtを挿入する

メモ ＜挿入＞タブの利用

SmartArt は、＜挿入＞タブの＜ SmartArt ＞をクリックしても挿入できます。

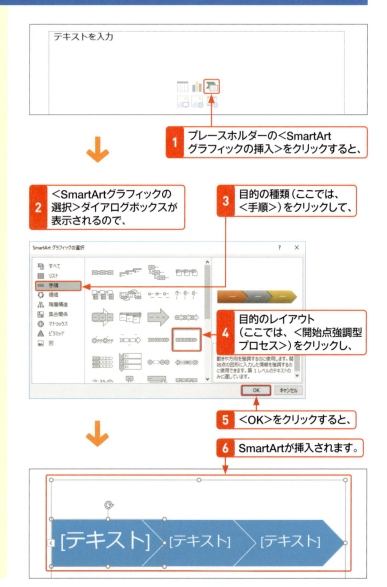

メモ テーマによって色が異なる

挿入された SmartArt の色は、プレゼンテーションに設定されているテーマやバリエーション（Sec.18 参照）によって異なります。

2 SmartArtに文字列を入力する

1 目的の図形をクリックして選択し、 **2** 文字列を入力します。

3 <SmartArtツール>の<デザイン>タブをクリックして、

4 <行頭文字の追加>をクリックすると、

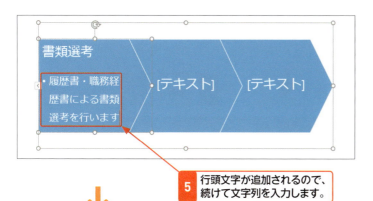

5 行頭文字が追加されるので、続けて文字列を入力します。

6 同様の手順で他の文字列を入力します。

メモ SmartArtへの文字列の入力

SmartArtに文字列を入力するには、各図形をクリックして選択し、文字列を直接入力します。

ヒント 箇条書きの項目を減らすには？

レイアウトによっては、あらかじめ箇条書きが設定されている場合があります。設定されている箇条書きの項目が多い場合は、箇条書きの行頭文字を削除します。
箇条書きの行末にカーソルを移動して、Deleteを押すと、次の箇条書きの行頭記号が削除されます。

メモ SmartArtの文字列の書式設定

SmartArtに入力した文字列の書式は、プレースホルダーのテキストと同様、<ホーム>タブで変更できます。

Section 47 SmartArtに図形を追加する

覚えておきたいキーワード
- レベル
- 後に図形を追加
- 下に図形を追加

SmartArtに図形を追加するには、追加したい場所の隣に配置されている図形を選択して、＜SmartArt＞ツールの＜デザイン＞タブの＜図形の追加＞から図形を追加する位置を選択します。また、追加した図形は、あとからレベルを上げたり、下げたりすることもできます。

1 同じレベルの図形を追加する

キーワード　レベル

SmartArtのレイアウトによっては、階層構造を示す「レベル」が図形に設定されています。

1 図形を追加する部分をクリックして選択し、

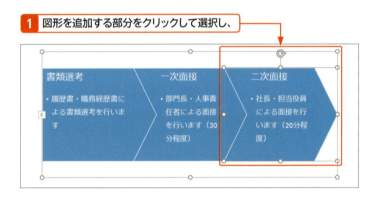

メモ　同じレベルの図形の追加

SmartArtに同じレベルの図形を追加するには、図形をクリックして選択し、＜SmartArtツール＞の＜デザイン＞タブの＜図形の追加＞の をクリックし、＜後に図形を追加＞または＜前に図形を追加＞をクリックします。

2 ＜SmartArtツール＞の＜デザイン＞タブをクリックして、

3 ＜図形の追加＞のここをクリックし、

4 ＜後に図形を追加＞をクリックすると、

5 選択した図形の右側に、同じレベルの図形が追加されます。

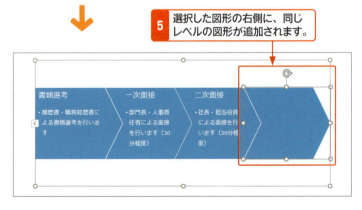

ヒント　箇条書きを追加するには？

テキストがあらかじめ箇条書きになっているレイアウトの場合は、SmartArtの箇条書きを追加する場所にカーソルを移動して、＜SmartArtツール＞の＜デザイン＞タブの＜行頭文字の追加＞をクリックするか、Enterを押します。

2 レベルの異なる図形を追加する

ここでは、＜階層構造＞：＜階層＞で解説します。

1 図形を追加する部分をクリックして選択し、

メモ　レベルの異なる図形の追加

レベルの異なる図形を追加するには、図形をクリックして選択し、＜SmartArtツール＞の＜デザイン＞タブの＜図形の追加＞の をクリックし、＜上に図形を追加＞または＜下に図形を追加＞をクリックします。

2 ＜SmartArtツール＞の＜デザイン＞タブをクリックして、

3 ＜図形の追加＞のここをクリックし、

4 ＜上に図形を追加＞をクリックすると、

ヒント　図形のレベルを上げるには？

図形のレベルを上げるには、図形を選択し、＜SmartArtツール＞の＜デザイン＞タブの＜レベル上げ＞をクリックします。

5 選択した図形の上に、上のレベルの図形が追加されます。

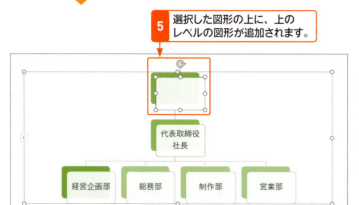

ヒント　図形のレベルを下げるには？

図形のレベルを下げるには、図形を選択し、＜SmartArtツール＞の＜デザイン＞タブの＜レベル下げ＞をクリックします。

Section 48 SmartArtのスタイルを変更する

覚えておきたいキーワード
- ☑ スタイル
- ☑ 3-D
- ☑ 色の変更

＜SmartArtツール＞の＜デザイン＞タブには、SmartArtのスタイルやカラーバリエーションが豊富に用意されており、すばやく3-D効果を設定したり、デザインを変えたりすることができます。また、SmartArtの図形は、個別に色を変更したり、図形のスタイルを変更したりすることも可能です。

1 SmartArtのスタイルを変更する

メモ SmartArtのスタイルの変更

＜SmartArtツール＞の＜デザイン＞タブの＜SmartArtのスタイル＞には、白枠やグラデーション、3-Dなどの書式が設定されたスタイルが用意されています。

1 SmartArtをクリックして選択し、

2 ＜SmartArtツール＞の＜デザイン＞タブをクリックして、

3 ＜SmartArtのスタイル＞グループのここをクリックし、

4 目的のスタイル（ここでは、＜光沢＞）をクリックすると、

ヒント SmartArtのレイアウトを変更するには？

作成したSmartArtのレイアウトを他のものに変更する場合は、SmartArtを選択し、＜SmartArtツール＞の＜デザイン＞タブの＜レイアウト＞グループから目的のレイアウトをクリックします。一覧に目的のレイアウトが表示されない場合は、＜その他のレイアウト＞をクリックすると、＜SmartArtグラフィックの選択＞ダイアログボックス（P.122参照）が表示されるので、目的のレイアウトをクリックし、＜OK＞をクリックします。

5 スタイルが変更されます。

2 色を変更する

1 SmartArtを
クリックして選択し、

2 ＜SmartArtツール＞の
＜デザイン＞タブをクリックして、

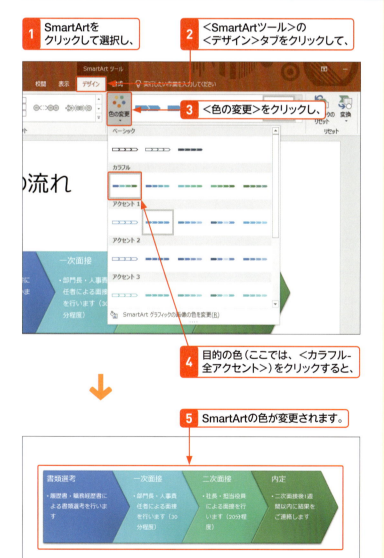

3 ＜色の変更＞をクリックし、

4 目的の色（ここでは、＜カラフル-全アクセント＞）をクリックすると、

5 SmartArtの色が変更されます。

メモ SmartArt 全体の色の変更

SmartArt 全体の色を変更するには、＜SmartArt ツール＞の＜デザイン＞タブの＜色の変更＞から、目的の色をクリックします。一覧に表示される色は、プレゼンテーションに設定されているテーマやバリエーション（Sec.18 参照）によって異なります。

ステップアップ 図形の色を個別に変更する

SmartArt の図形の色を個別に変更するには、目的の図形をクリックして選択し、＜SmartArt ツール＞の＜書式＞タブの＜図形の塗りつぶし＞をクリックして、目的の色をクリックします。

Section 49 テキストをSmartArtに変換する

覚えておきたいキーワード
- ☑ SmartArtに変換
- ☑ レイアウト
- ☑ テキストに変換

入力済みのテキストは、<ホーム>タブの<SmartArtに変換>を利用すると、レイアウトを選択するだけで、SmartArtに変換することができます。また、<SmartArtツール>の<デザイン>タブの<変換>を利用すると、SmartArtをテキストに変換することも可能です。

1 テキストをSmartArtに変換する

メモ　レイアウトの選択

テキストをSmartArtに変換するには、テキストが入力されたプレースホルダーを選択するか、プレースホルダー内にカーソルを移動して、<ホーム>タブの<SmartArtに変換>をクリックし、レイアウトを選択します。一覧に目的のレイアウトが表示されない場合は、<その他のSmartArtグラフィック>をクリックすると、<SmartArtグラフィックの選択>ダイアログボックス(P.122参照)が表示されるので、目的のレイアウトをクリックし、<OK>をクリックします。

1 プレースホルダーをクリックして選択し、

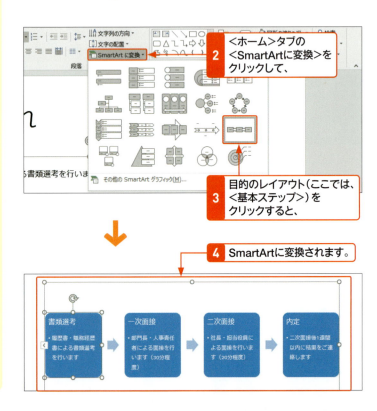

2 <ホーム>タブの<SmartArtに変換>をクリックして、

3 目的のレイアウト(ここでは、<基本ステップ>)をクリックすると、

4 SmartArtに変換されます。

2 SmartArtをテキストに変換する

メモ SmartArtのテキストへの変換

SmartArtを選択して、＜SmartArtツール＞の＜デザイン＞タブの＜変換＞をクリックし、＜テキストに変換＞をクリックすると、SmartArtがテキストに変換されます。
SmartArtに画像を配置してある場合は、テキストに変換すると、画像が削除されます。

Section 50 SmartArtを図形に変換する

覚えておきたいキーワード
- 図形に変換
- グループ化
- グループ解除

SmartArtは、＜SmartArtツール＞の＜デザイン＞タブの＜変換＞から、図形に変換することができます。図形に変換した直後はグループ化されています。図形に変換すると、かんたんに各図形のサイズを変更したり、移動したりすることができます。

1 SmartArtを図形に変換する

 メモ SmartArtの図形への変換

SmartArtを図形に変換すると、図形を個別に移動したり、削除したりすることができます。

5 図形に変換されます。

2 図形を個別にサイズ変更する

1 SmartArtから変換した図形をクリックして選択し、
2 図形をクリックして選択し、
3 ハンドルにマウスポインターを合わせて、
4 ドラッグすると、
5 図形のサイズが変わります。

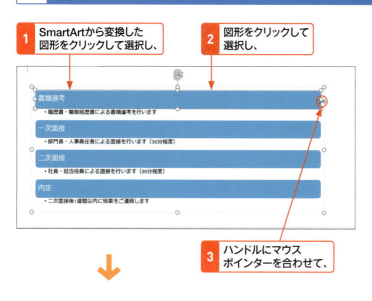

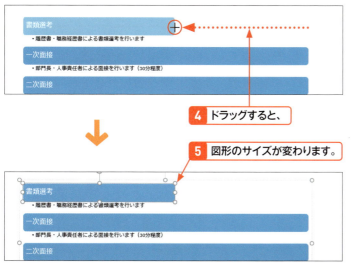

メモ グループ化されている

SmartArtを図形に変換した直後の状態では、グループ化されています（P.119参照）。＜描画ツール＞の＜書式＞タブの＜グループ化＞をクリックし、＜グループ解除＞をクリックすると、グループ化が解除されます。

メモ 各図形の編集

図形に変換したあとは、通常の図形と同様に、サイズを変更したり（P.104参照）、移動したり（P.102参照）、削除したりすることができます。

Section 51 既定の図形に設定する

覚えておきたいキーワード
- ☑ 既定の図形
- ☑ テーマ
- ☑ バリエーション

図形やテキストボックスを作成したときに適用される塗りつぶしの色や枠線の色、文字列のフォントなどの既定の書式は、プレゼンテーションに設定されているテーマやバリエーションによって異なります。既定の書式を変更すると、それ以降に作成する図形などに新しい書式が適用されます。

1 図形の既定の書式を変更する

メモ 図形の既定の書式の変更

図形の既定の書式を変更するには、図形を作成し、任意の書式を設定してから、図形を右クリックし、＜既定の図形に設定＞をクリックします。それ以降に新しく作成した図形には、新しい書式が適用されます。
なお、既定の書式が適用されるのは、同じプレゼンテーションファイルだけで、新しく作成したプレゼンテーションには反映されません。

1 図形を作成して、

2 書式を変更し、

3 図形を右クリックして、

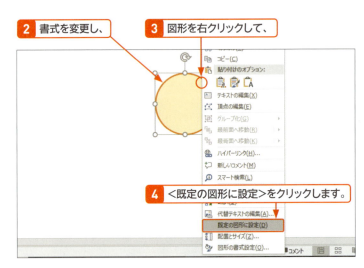

4 ＜既定の図形に設定＞をクリックします。

ヒント テキストボックスの場合

テキストボックスの既定の書式を変更する場合は、テキストボックスに任意の書式を設定し、テキストボックスを右クリックして、＜既定のテキストボックスに設定＞をクリックします。

5 新しく図形を作成すると、変更後の書式が適用されます。

Chapter 05

第5章

表やグラフの作成

Section	52	表を作成する
	53	セルに文字を入力する
	54	行や列を追加／削除する
	55	行の高さや列の幅を調整する
	56	セルを結合／分割する
	57	罫線の種類や色を変更する
	58	表のサイズや位置を調整する
	59	Excelの表を挿入する
	60	グラフを作成する
	61	グラフのデータを入力する
	62	グラフの表示項目を調整する
	63	グラフの軸の設定を変更する
	64	グラフのデザインを変更する
	65	Excelのグラフを貼り付ける

Section 52 表を作成する

覚えておきたいキーワード
☑ 表
☑ セル
☑ スタイル

表を作成するには、プレースホルダーの<表の挿入>をクリックして、<表の挿入>ダイアログボックスで列数と行数を指定し、表の枠組みを作成します。また、表にはさまざまな書式の「スタイル」が用意されているので、かんたんに表のデザインを変更することができます。

1 表を挿入する

キーワード 列・行・セル

「列」とは表の縦のまとまり、「行」とは横のまとまりのことです。また、表のマス目を「セル」といいます。

メモ <挿入>タブから表を挿入する

<挿入>タブの<表>をクリックすると表示されるマス目をドラッグして、行数と列数を指定した表を挿入することができます。また、<挿入>タブの<表>をクリックし、<表の挿入>をクリックすると、<表の挿入>ダイアログボックスが表示されます。

1 <挿入>タブをクリックして、

2 <表>をクリックし、

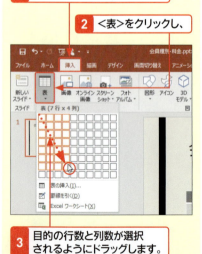

3 目的の行数と列数が選択されるようにドラッグします。

1 プレースホルダーの<表の挿入>をクリックして、

2 表の列数と行数を入力し、

3 <OK>をクリックすると、

4 表の枠組みが作成されます。

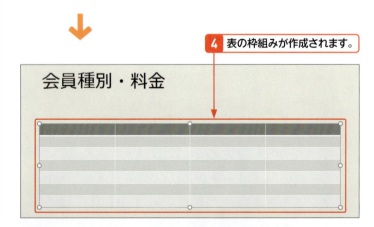

2 表のスタイルを設定する

1 表をクリックして選択し、

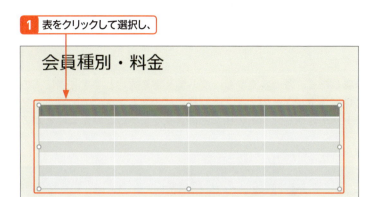

2 ＜表ツール＞の＜デザイン＞タブをクリックして、

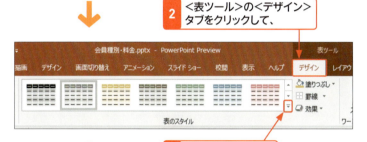

3 ＜表のスタイル＞のここをクリックし、

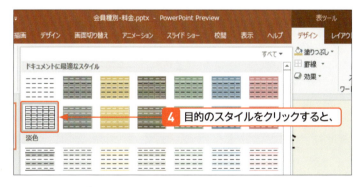

4 目的のスタイルをクリックすると、

5 表のスタイルが変更されます。

メモ 表のスタイルの変更

＜表ツール＞の＜デザイン＞タブの＜表のスタイル＞には、セルの背景色や罫線の色などを組み合わせたスタイルが用意されており、表の体裁をかんたんに整えることができます。表のスタイルを変更するには、ここから目的のスタイルを選択します。
スタイルを変更したあとにプレゼンテーションのテーマやバリエーションを変更すると、表の色が変更後の配色に変わります。

ステップアップ 表スタイルのオプションの設定

＜表ツール＞の＜デザイン＞タブの＜表スタイルのオプション＞グループでは、最初の列やタイトル行の書式を他の部分と区別したり、行を縞模様にしたりすることができます。

表スタイルのオプションを設定できます。

Section 53 セルに文字を入力する

覚えておきたいキーワード
- ☑ セル
- ☑ 中央揃え
- ☑ 文字の配置

表の枠組みを作成したら、各セルをクリックして文字を入力します。表に入力した文字は、プレースホルダーのテキスト同様、＜ホーム＞タブで配置を変更したり、フォントサイズやフォントの色などの書式を変更したりすることができます。

1 セルに文字を入力する

メモ　キー操作によるセル間の移動

カーソルを移動するには、目的のセルをクリックするか、キーボードの ↑↓←→ を押します。
また、Tab を押すと右（次）のセルへ移動し、Shift を押しながら Tab を押すと、左（前）のセルへ移動します。

1 目的のセルをクリックしてカーソルを移動し、

2 文字列を入力します。

3 同様の手順で、他のセルにも文字列を入力します。

第5章 表やグラフの作成

2 文字列の配置を調整する

 目的のセルをドラッグして選択し、

 ＜表ツール＞の＜レイアウト＞タブをクリックして、

3 ＜中央揃え＞をクリックすると、

4 文字列がセルの中央に配置されます。

メモ　セル内の文字列の配置

セル内の文字列の横位置は、＜表ツール＞の＜レイアウト＞タブの＜左揃え＞、＜中央揃え＞、＜右揃え＞から変更できます。また、＜ホーム＞タブでも変更できます。

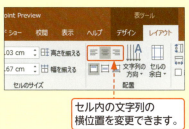

セル内の文字列の横位置を変更できます。

ヒント　セル内の文字列の縦位置を変更するには？

セル内の文字の縦位置は、＜表ツール＞の＜レイアウト＞タブの＜上揃え＞、＜上下中央揃え＞、＜下揃え＞から変更できます。

セル内の文字列の縦位置を変更できます。

ヒント　セル内の文字列を縦書きにするには？

セル内の文字列を縦書きにするには、目的のセルを選択し、＜表ツール＞の＜レイアウト＞タブの＜文字列の方向＞をクリックして、＜縦書き＞または＜縦書き（半角文字含む）＞をクリックします。

1 ＜表ツール＞の＜レイアウト＞タブの＜文字列の方向＞をクリックして、

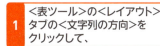

2 ＜縦書き＞または＜縦書き（半角文字含む）＞をクリックします。

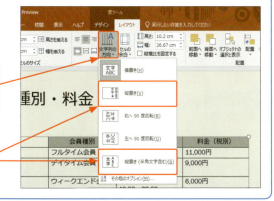

Section 54 行や列を追加／削除する

覚えておきたいキーワード
- ☑ 行を挿入
- ☑ 列を挿入
- ☑ 行の削除

表は、あとから行や列を追加することができます。追加するときは、追加したい隣の行または列を選択し、＜表ツール＞の＜レイアウト＞タブから追加します。あらかじめ複数行（列）選択しておくと、選択した行（列）数だけ追加されます。また、行や列を削除することもできます。

1 列を追加する

メモ 列・行の選択

列を選択するには、目的の列の上側または下側にマウスポインターを合わせ、形が黒い矢印に変わったところでクリックします。そのまま横にドラッグすると、複数の列を選択できます。
また、行を選択するには、目的の行の左側または右側にマウスポインターを合わせ、形が黒い矢印に変わったところでクリックします。そのまま縦にドラッグすると、複数の行を選択できます。

 追加する隣の列の上をクリックして列を選択し、

 ＜表ツール＞の＜レイアウト＞タブをクリックして、

メモ 列の追加

表に列を追加するには、追加する隣の列を、追加したい列数分選択し、＜表ツール＞の＜レイアウト＞タブの＜左に列を挿入＞または＜右に列を挿入＞をクリックします。

③ ＜左に列を挿入＞をクリックすると、

④ 選択した列の左側に列が挿入されます。

ヒント 行を追加するには？

表に行を追加するには、追加する隣の行を、追加したい行数分選択し、＜表ツール＞の＜レイアウト＞タブの＜上に行を挿入＞または＜下に行を挿入＞をクリックします。

2 列を削除する

1 削除する列の上をクリックして列を選択し、

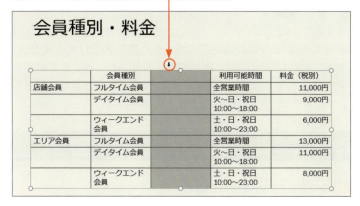

ヒント 行を削除するには？

行を削除するには、目的の行を選択し、＜表ツール＞の＜レイアウト＞タブの＜削除＞をクリックして、＜行の削除＞をクリックします。

2 ＜表ツール＞の＜レイアウト＞タブをクリックして、

3 ＜削除＞をクリックし、

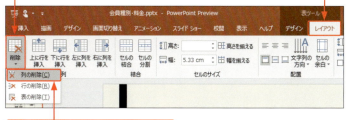

4 ＜列の削除＞をクリックすると、

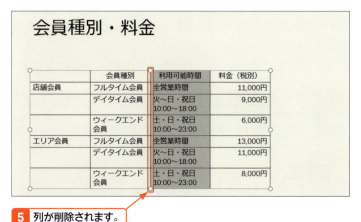

5 列が削除されます。

ヒント 表を削除するには？

表を削除するには、表内にカーソルを移動し、＜表ツール＞の＜レイアウト＞タブの＜削除＞をクリックして、＜表の削除＞をクリックします。また、表の枠線をクリックして表全体を選択し、Delete または BackSpace を押しても削除できます。

Section 55 行の高さや列の幅を調整する

覚えておきたいキーワード
- ☑ 列の幅や行の高さの変更
- ☑ 幅を揃える
- ☑ 高さを揃える

セルの文字列の長さに対して、列の幅が広すぎたり、狭すぎたりする場合は、列の幅を調整します。列の幅や行の高さは、罫線をドラッグして変更できるほか、数値で指定することもできます。また、複数の列の幅や行の高さを揃えることもできます。

1 列の幅を調整する

ヒント 行の高さを調整するには？

横の罫線にマウスポインターを合わせると、形が変わります。この状態で上下にドラッグすると、行の高さを変更することができます。

① マウスポインターを縦の罫線に合わせると、形が に変わるので、

	会員種別	利用可能時間	料金（税別）
店舗会員	フルタイム会員	全営業時間	11,000円
	デイタイム会員	火～日・祝日 10:00～18:00	9,000円
	ウィークエンド会員	土・日・祝日 10:00～23:00	6,000円
エリア会員	フルタイム会員	全営業時間	13,000円
	デイタイム会員	火～日・祝日 10:00～18:00	11,000円
	ウィークエンド会員	土・日・祝日 10:00～23:00	8,000円

↓

② ドラッグすると、

	会員種別	利用可能時間	料金（税別）
店舗会員	フルタイム会員	全営業時間	11,000円
	デイタイム会員	火～日・祝日 10:00～18:00	9,000円
	ウィークエンド会員	土・日・祝日 10:00～23:00	6,000円
エリア会員	フルタイム会員	全営業時間	13,000円

↓

③ 列の幅が変わります。

	会員種別	利用可能時間	料金（税別）
店舗会員	フルタイム会員	全営業時間	11,000円
	デイタイム会員	火～日・祝日 10:00～18:00	9,000円
	ウィークエンド会員	土・日・祝日 10:00～23:00	6,000円
エリア会員	フルタイム会員	全営業時間	13,000円
	デイタイム会員	火～日・祝日 10:00～18:00	11,000円
	ウィークエンド会員	土・日・祝日 10:00～23:00	8,000円

ステップアップ 列の幅や行の高さを数値で指定する

列の幅や行の高さは、数値で指定することができます。目的の列または行を選択し、＜表ツール＞の＜レイアウト＞タブの＜セルのサイズ＞グループの＜高さ＞と＜幅＞に、それぞれ数値を入力します。

＜高さ＞と＜幅＞にそれぞれ数値を入力します。

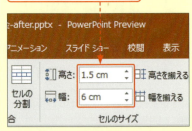

2 行の高さを揃える

1 目的の行をドラッグして選択し、

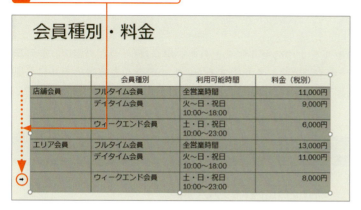

ヒント　列の幅を揃えるには？

列の幅を揃えるには、目的の列をドラッグして選択し、＜表ツール＞の＜レイアウト＞タブの＜幅を揃える＞をクリックします。

2 ＜表ツール＞の＜レイアウト＞タブをクリックして、

3 ＜高さを揃える＞をクリックすると、

4 選択した行の高さが揃います。

Section 56 セルを結合／分割する

覚えておきたいキーワード
☑ セルの結合
☑ セルの分割
☑ 列数・行数

隣接する複数のセルを1つのセルにまとめたい場合は、「セルの結合」を利用します。また、「セルの分割」を利用すると、1つのセルを複数のセルに分割することができます。セルを分割するときには、分割後の列数と行数を指定します。

1 セルを結合する

メモ セルの選択

セルを選択するには、セルの左下にマウスポインターを合わせ、形が黒の斜め矢印に変わったらクリックします。そのままドラッグすると、複数のセルを選択できます。
また、カーソルの状態でセルをドラッグしても選択できます。

  結合したいセルをドラッグして選択し、

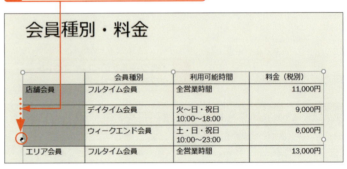

 <表ツール>の<レイアウト>タブをクリックして、

<セルの結合>をクリックすると、

 セルが結合されます。

ヒント セルに文字列が入力されている場合は?

文字列が入力されているセルを結合しても、文字列はそのまま残ります。

2 セルを分割する

1 分割したいセルをクリックして選択し、

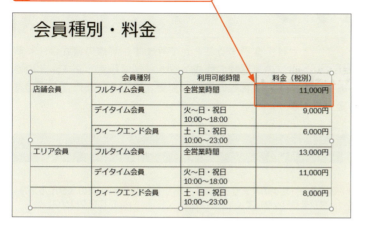

2 <表ツール>の<レイアウト>タブをクリックして、

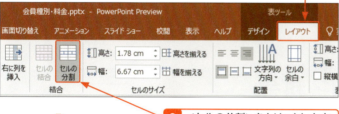

3 <セルの分割>をクリックします。

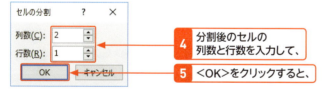

4 分割後のセルの列数と行数を入力して、

5 <OK>をクリックすると、

6 セルが分割されます。

メモ セルの分割

セルを複数のセルに分割する場合は、<セルの分割>ダイアログボックスで、いくつのセルに分割するかを、列数と行数で指定します。

ヒント 複数のセルをまとめて分割する場合は?

複数のセルを選択して左の手順に従うと、各セルをそれぞれ分割することができます。その場合、<セルの分割>ダイアログボックスでは、各セルをいくつのセルに分割するかを指定します。

Section 57 罫線の種類や色を変更する

覚えておきたいキーワード
- ペンのスタイル
- ペンの色
- 罫線を引く

表の罫線の種類や色、太さは、変更することができます。罫線の書式は、＜表ツール＞の＜デザイン＞タブの＜罫線の作成＞グループで設定します。そのあと、表の罫線をドラッグすると、罫線の書式が変更されます。また、セルの塗りつぶしの色も変更できます。

1 罫線の書式を変更する

ステップアップ：罫線を非表示にする
セルの区切りはそのままで、罫線を非表示にしたい場合は、手順3で＜罫線なし＞をクリックし、目的の罫線をドラッグします。

ヒント：罫線の太さを変更するには？
罫線の太さを変更するには、＜表ツール＞の＜デザイン＞タブの＜ペンの太さ＞から目的の太さをクリックし、罫線上をドラッグします。

1 ＜表ツール＞の＜デザイン＞タブの＜ペンの太さ＞のここをクリックし、

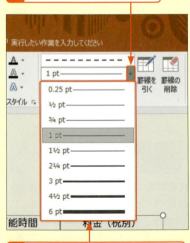

2 目的の線の太さをクリックします。

1 ＜表ツール＞の＜デザイン＞タブをクリックして、

2 ＜ペンのスタイル＞のここをクリックし、

3 目的の罫線の種類をクリックして、

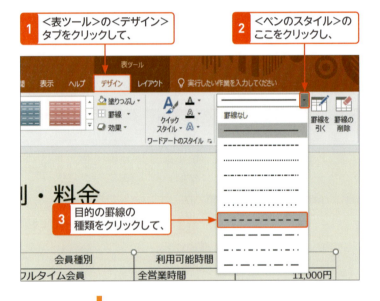

4 ＜ペンの色＞をクリックし、

5 目的の色をクリックします。

6 ＜罫線を引く＞がオンになっていることを確認し、

7 書式を変更したい罫線の真上をドラッグすると、

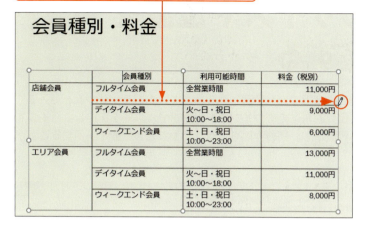

8 罫線の書式が変わります。

9 Escを押すと、マウスポインターの形が元に戻ります。

ヒント 罫線を削除するには？

＜表ツール＞の＜デザイン＞タブの＜罫線の削除＞をクリックしてオンにし、罫線をドラッグすると、罫線を削除して、セルを結合することができます。再度＜罫線の削除＞をクリックしてオフにすると、マウスポインターの形が元に戻ります。

メモ マウスポインターを元に戻す

手順**8**のあと、Escを押すか、＜表ツール＞の＜デザイン＞タブの＜罫線を引く＞をクリックしてオフの状態にすると、マウスポインターの形が元に戻ります。

ステップアップ セルの塗りつぶしの色を変更する

セルの塗りつぶしの色を変更するには、目的のセルを選択し、＜表ツール＞の＜デザイン＞タブの＜塗りつぶし＞をクリックして、目的の色をクリックします。

1 ＜表ツール＞の＜デザイン＞タブをクリックして、

2 ＜塗りつぶし＞をクリックし、

3 目的の色をクリックすると、

4 塗りつぶしの色が変更されます。

Section 58 表のサイズや位置を調整する

覚えておきたいキーワード
☑ 表のサイズ
☑ 表の位置
☑ 縦横比を固定する

表のサイズは、表を選択すると表示されるハンドルをドラッグすると変更できます。また、＜表ツール＞の＜レイアウト＞タブで、数値を指定してサイズを変更することも可能です。表の枠線をドラッグすると、位置を調整することができます。

1 表のサイズを調整する

 縦横比を変えずにサイズを変更するには？

Shift を押しながら四隅のハンドルをドラッグすると、表の縦横比を変えずにサイズを変更することができます。

 1 表を選択して、ハンドルにマウスポインターを合わせ、

2 ドラッグすると、

 3 表のサイズが変わります。

ステップアップ 数値で表のサイズを指定する

表のサイズは、数値で指定することができます。表を選択して、＜表ツール＞の＜レイアウト＞タブの＜表のサイズ＞グループの＜高さ＞と＜幅＞に、それぞれ数値を入力します。このとき、＜縦横比を固定する＞をオンにすると、表の縦横比が固定され、＜高さ＞または＜幅＞のどちらかの数値を入力すると、もう一方の数値が自動的に変更されます。

2 表の位置を調整する

1 表を選択して、枠線にマウスポインターを合わせ、

2 ドラッグすると、

スライドと表の左右中央が合ったことを示すスマートガイドが表示されています。

3 表が移動します。

ヒント 水平・垂直方向に移動するには？

表を水平・垂直方向に移動するには、Shiftを押しながらドラッグします。

ステップアップ スライドの左右中央に配置する

表をスライドの左右中央や上下中央などに配置したい場合は、表を選択し、＜表ツール＞の＜レイアウト＞タブの＜配置＞をクリックして、目的の位置をクリックします。

Section 59 Excelの表を挿入する

覚えておきたいキーワード
☑ コピー
☑ 貼り付け
☑ リンク貼り付け

スライドには、Excelで作成した表をコピーして貼り付けることもできます。<貼り付けのオプション>を利用すると、Excelの書式を保持して貼り付けたり、テキストだけ貼り付けたりすることも可能です。また、リンク貼り付けを利用すると、元のExcelの表を編集したときに、スライドの表も更新されます。

1 表をそのまま貼り付ける

メモ 貼り付けのオプションの選択

手順7では、貼り付けのオプションを、<貼り付け先のスタイルを使用>、<元の書式を保持>、<埋め込み>、<図>、<テキストのみ保持>から選択します。ここでは、Excelの表の書式を適用するため、<元の書式を保持>をクリックします。
なお、貼り付けのオプションは、<ホーム>タブの<貼り付け>のアイコン部分 をクリックして貼り付けたあと、表の右下に表示される<貼り付けのオプション> からも選択できます。

1 クリックして、
2 貼り付けのオプションを選択します。

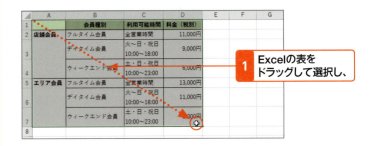

1 Excelの表をドラッグして選択し、
2 <ホーム>タブをクリックして、
3 <コピー>をクリックします。

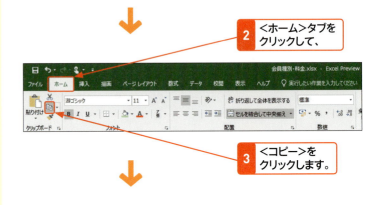

4 PowerPointで貼り付けるスライドを表示して、
5 <ホーム>タブをクリックし、
6 <貼り付け>のここをクリックして、

7 <元の書式を保持>をクリックすると、

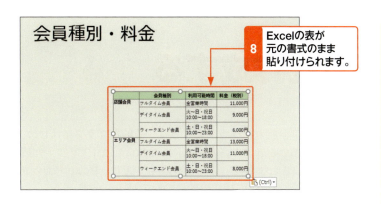

ステップアップ 貼り付けた表の編集

貼り付けた表は、PowerPointで作成した表と同様の操作で編集できます。

2 Excelとリンクした表を貼り付ける

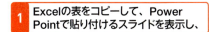

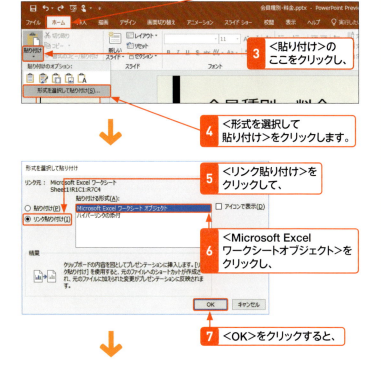

ヒント リンク元のファイルを開くには？

リンク貼り付けした表のリンク元のファイルを開くには、表をダブルクリックします。

ヒント リンク元のファイルを編集すると？

リンク元のファイルを編集すると、貼り付け先のファイルを開くときに、下図のメッセージが表示されます。＜リンクを更新＞をクリックすると、データが更新されます。

＜リンクを更新＞をクリックします。

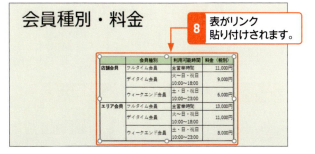

Section 60 グラフを作成する

覚えておきたいキーワード
- ☑ 縦棒
- ☑ 折れ線
- ☑ グラフ要素

PowerPointでは、棒グラフ、折れ線グラフのような一般的なグラフをはじめ、多くの種類のグラフを作成できます。さらに、PowerPoint 2019では、作成できるグラフの種類が追加されました。このセクションでは、PowerPointで作成できるグラフの種類と、グラフの構成要素について解説します。

1 作成可能なグラフの種類

メモ PowerPointで作成できるグラフ

PowerPointで作成できるグラフの種類には、右図のようなものがあります。このうちの<組み合わせ>は、異なるグラフの種類を組み合わせることができます。

新機能 グラフの種類が増えた

PowerPoint 2019では、作成できるグラフの種類に、<マップ>、<じょうご>の2種類が新しく追加されました。

第5章 表やグラフの作成

2 グラフの構成要素

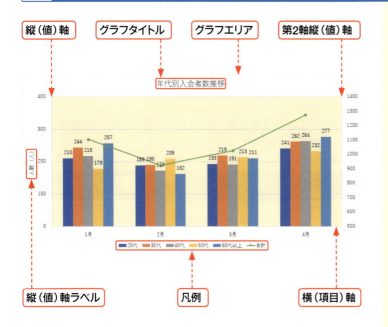

キーワード グラフ要素

グラフを構成する要素のことを「グラフ要素」といいます。
グラフ要素の表示／非表示や書式設定を必要に応じて変更すると、より見やすいグラフを作成することができます。

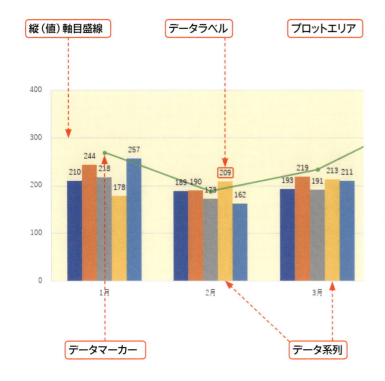

キーワード データマーカーとデータ系列

グラフ内の値を表す部分を「データマーカー」、同じ項目を表すデータマーカーの集まりを「データ系列」といいます。

Section 61 グラフのデータを入力する

覚えておきたいキーワード
- ☑ グラフの挿入
- ☑ 集合縦棒
- ☑ ワークシート

スライドにグラフを挿入するには、グラフの種類を選択します。グラフとワークシートが表示されるので、ワークシートにデータを入力すると、リアルタイムでスライド上のグラフに反映されます。このセクションでは、集合縦棒グラフを例に、グラフの作成方法を解説します。

1 グラフを挿入する

メモ <挿入>タブからのグラフの挿入

<挿入>タブの<グラフ>をクリックしても、<グラフの挿入>ダイアログボックスが表示され、スライドにグラフを挿入することができます。

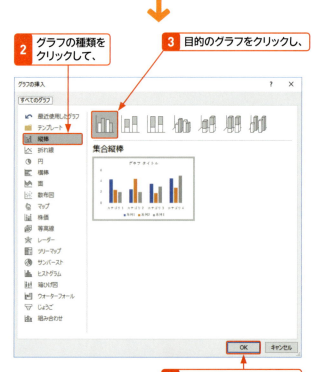

1 プレースホルダーの<グラフの挿入>をクリックして、
2 グラフの種類をクリックして、
3 目的のグラフをクリックし、
4 <OK>をクリックすると、

メモ グラフの種類の選択

<グラフの挿入>ダイアログボックスの左側でグラフの種類をクリックすると、該当するグラフの一覧が右側の上に表示されるので、目的のグラフをクリックすると、右側の下にプレビューが表示されます。プレビューをポイントすると、拡大表示されます。

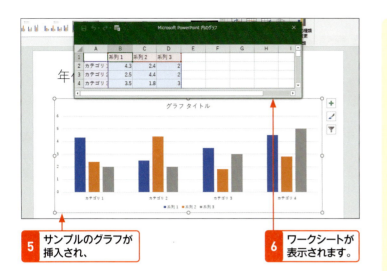

5 サンプルのグラフが挿入され、
6 ワークシートが表示されます。

ヒント グラフの種類を変更するには？

グラフを挿入したあとに、グラフの種類を変更するには、グラフを選択して、＜グラフツール＞の＜デザイン＞タブの＜グラフの種類の変更＞をクリックします。＜グラフの種類の変更＞ダイアログボックスが表示されるので、グラフの種類を選択し、＜OK＞をクリックします。

2 データを入力する

1 各セルにデータを入力すると、

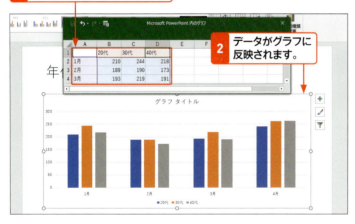

2 データがグラフに反映されます。

メモ データ範囲が自動的に変更される

データ範囲の外側の隣接したセルにデータを入力したり、列や行を挿入したりすると、データ範囲が自動的に拡張されます。また、列や行を削除すると、自動的にデータ範囲が縮小されます。

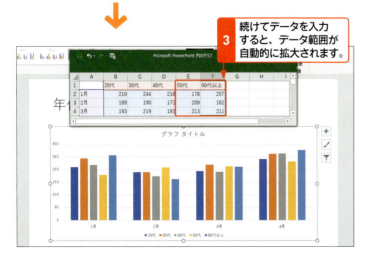

3 続けてデータを入力すると、データ範囲が自動的に拡大されます。

ヒント ワークシートを閉じるには？

ワークシートを閉じるには、ワークシート右上の×をクリックします。
再度ワークシートを表示するには、グラフを選択し、＜グラフツール＞の＜デザイン＞タブの＜データの編集＞をクリックします。

Section 62 グラフの表示項目を調整する

覚えておきたいキーワード
- ☑ グラフタイトル
- ☑ 軸ラベル
- ☑ データラベル

グラフタイトルや軸ラベル、凡例などのグラフ要素は、項目ごとに表示／非表示を切り替えたり、表示する場所を設定したりすることができます。グラフ要素は、グラフ右上の＜グラフ要素＞か、＜グラフツール＞の＜デザイン＞タブから設定できます。

1 グラフ要素の表示／非表示を切り替える

メモ グラフ要素の表示／非表示

グラフ要素の表示／非表示を切り替えるには、グラフを選択すると右上に表示される＜グラフ要素＞ ＋ をクリックして、表示するグラフ要素をオンにします。
また、＜グラフツール＞の＜デザイン＞タブの＜グラフ要素を追加＞からも設定できます。

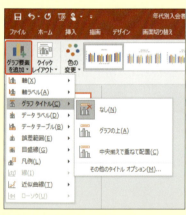

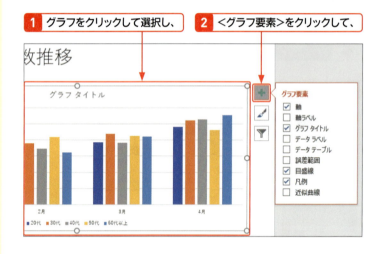

1. グラフをクリックして選択し、
2. ＜グラフ要素＞をクリックして、

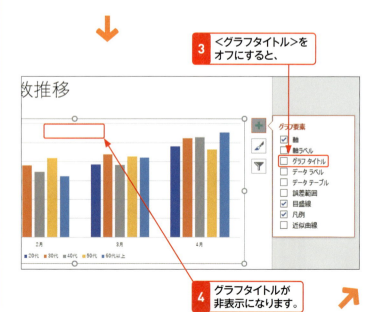

3. ＜グラフタイトル＞をオフにすると、
4. グラフタイトルが非表示になります。

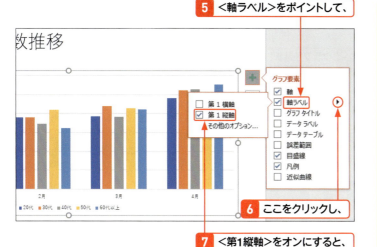

5 <軸ラベル>をポイントして、
6 ここをクリックし、
7 <第1縦軸>をオンにすると、

> **ヒント 軸ラベルを縦書きにするには？**
>
> 軸ラベルを縦書きにするには、軸ラベルを選択し、<ホーム>タブの<文字列の方向>をクリックして、<縦書き>または<縦書き（半角文字含む）>をクリックします。

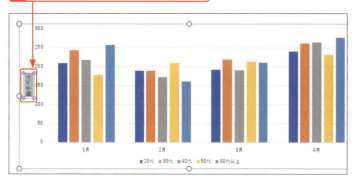

8 第1縦軸の軸ラベルが表示されるので、文字列をドラッグして選択し、

> **ステップアップ 軸ラベルの書式を変更する**
>
> 軸ラベルのフォントサイズやフォントの種類、フォントの色などの書式は、<ホーム>タブで変更できます。

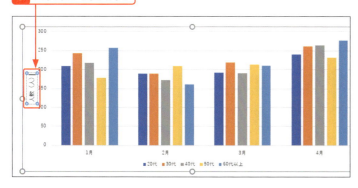

9 文字列を入力します。

> **ヒント 軸ラベルを移動するには？**
>
> 軸ラベルの位置を変更するには、軸ラベルを選択し、枠線にマウスポインターを合わせて、目的の位置へドラッグします。

2 グラフの数値データを表示する

ステップアップ パーセンテージを表示する

円グラフなどで、データラベルに値ではなくパーセンテージを表示したい場合は、手順4の画面で＜その他のオプション＞をクリックします。＜データラベルの書式設定＞作業ウィンドウが表示されるので、＜ラベルの内容＞の＜パーセンテージ＞をオンにします。なお、グラフの種類によっては、パーセンテージの表示がないものもあります。

＜パーセンテージ＞をオンにします。

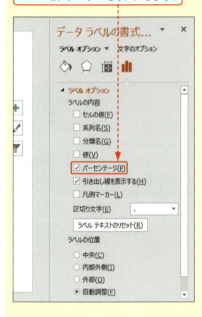

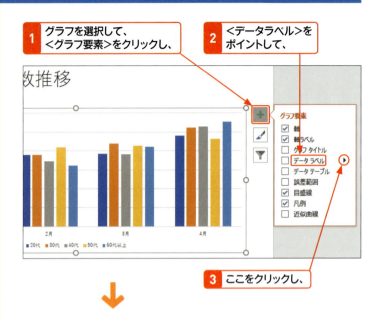

1 グラフを選択して、＜グラフ要素＞をクリックし、

2 ＜データラベル＞をポイントして、

3 ここをクリックし、

4 データラベルを表示させる場所をクリックすると、

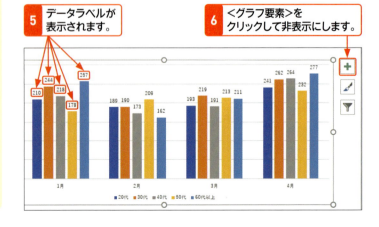

5 データラベルが表示されます。

6 ＜グラフ要素＞をクリックして非表示にします。

ステップアップ PowerPointで作成した表からグラフを作成する

PowerPointで作成した表からグラフを作成するには、はじめに表をコピーします。＜挿入＞タブからグラフを挿入し（P.152上の「メモ」参照）、ワークシートにコピーしたデータを貼り付けます。そのあと元の表を削除し、グラフの書式や位置、サイズを整えます。

1 表の枠線をクリックして選択し、　**2** Ctrl + C を押します。

3 グラフを挿入し、
4 ワークシート右上のセルをクリックして選択し、
5 Ctrl + V を押すと、

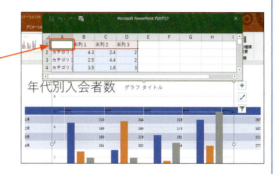

6 データが貼り付けられるので、
7 ＜閉じる＞ ✕ をクリックします。

8 元の表を削除し、グラフの位置を調整します。

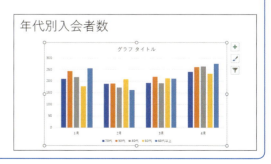

Section 63 グラフの軸の設定を変更する

覚えておきたいキーワード
- ☑ 縦（値）軸
- ☑ 最小値
- ☑ 最大値

グラフの縦（値）軸の最小値や最大値などは、変更することができます。軸の設定は、＜軸の書式設定＞作業ウィンドウの＜軸のオプション＞で変更できます。最大値、最小値のほか、表示形式を変更して数値に桁区切りの「,（カンマ）」を表示させたり、目盛の間隔を変更したりすることもできます。

1 グラフの軸の設定を変更する

メモ　グラフ要素の書式設定作業ウィンドウの表示

グラフ要素の書式設定作業ウィンドウを表示するには、目的のグラフ要素をダブルクリックするか、目的のグラフ要素を選択して、＜グラフツール＞の＜書式＞タブの＜選択対象の書式設定＞をクリックします。

1 縦（値）軸をダブルクリックすると、

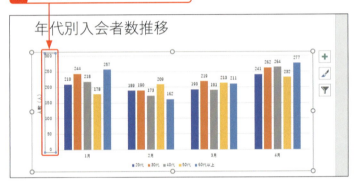

2 ＜軸の書式設定＞作業ウィンドウが表示されます。

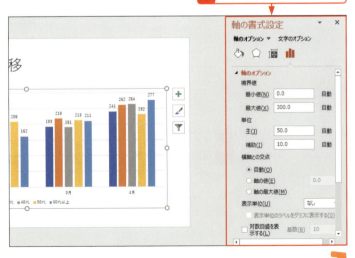

ヒント　作業ウィンドウを閉じるには？

作業ウィンドウを閉じるには、作業ウィンドウ右上の＜閉じる＞をクリックします。

3 <最大値>と<単位>の<主>の数値を入力すると、

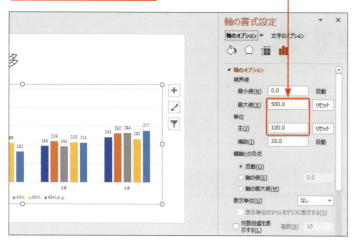

4 縦（値）軸の数値と目盛線の間隔が変更されます。

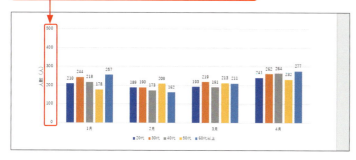

ステップアップ 軸の数値を千単位で表示する

グラフのデータの数値が大きすぎて見づらい場合は、<軸の書式設定>作業ウィンドウで、縦（値）軸の数値を千単位や億単位で表示することができます。

1 <表示単位>のここをクリックして、

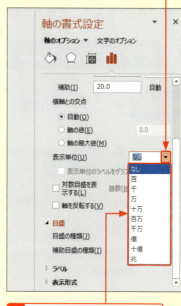

2 目的の単位をクリックします。

ステップアップ 縦（値）軸の数値に「,」を表示する

縦（値）軸の数値に3桁区切りの「,」（カンマ）を表示するには、<軸の書式設定>作業ウィンドウの<表示形式>グループで設定を行います。

1 <表示形式>をクリックして、

2 <数値>を選択し、

3 <桁区切り(,)を使用する>をオンにします。

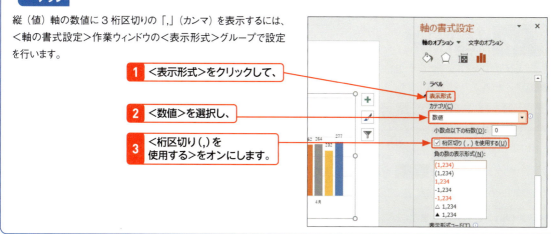

Section 64 グラフのデザインを変更する

覚えておきたいキーワード
- グラフスタイル
- 色の変更
- 図形の塗りつぶし

＜グラフツール＞の＜デザイン＞タブには、グラフエリアやデータ系列などの書式が組み合わされた「グラフスタイル」が用意されており、デザインをかんたんに変更することができます。また、グラフ全体の色を変更したり、データ系列ごとに塗りつぶしの色や線の色などを変更したりすることも可能です。

1 グラフスタイルを変更する

メモ グラフスタイルの変更

＜グラフツール＞の＜デザイン＞タブの＜グラフスタイル＞グループには、グラフエリアの色が異なるもの、データ系列がグラデーションのもの、枠線だけのものなど、さまざまな書式が組み合わされたスタイルが用意されています。

データ系列の塗りつぶしを個別に設定したあとに、グラフスタイルを変更すると、スタイルが優先されて適用されます。

① グラフをクリックして選択し、

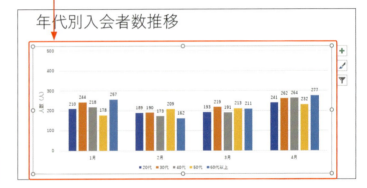

② ＜グラフツール＞の＜デザイン＞タブをクリックして、

③ ＜グラフスタイル＞グループのここをクリックし、

ヒント グラフスタイルを元に戻すには？

変更したグラフスタイルを元に戻すには、手順 ④ で＜スタイル 1 ＞をクリックします。

＜スタイル1＞をクリックします。

④ 目的のスタイルをクリックすると、

5 グラフにスタイルが設定されます。

2 グラフ全体の色を変更する

1 グラフをクリックして選択し、
2 ＜グラフツール＞の＜デザイン＞タブをクリックして、
3 ＜色の変更＞をクリックし、

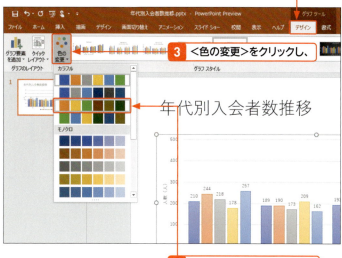

メモ グラフの色の変更

グラフ全体の色は、＜グラフツール＞の＜デザイン＞タブの＜色の変更＞から目的の色をクリックします。
なお、一覧に表示される色は、プレゼンテーションに設定されているテーマやバリエーションによって異なります。

4 目的の色をクリックすると、

5 グラフの色が変更されます。

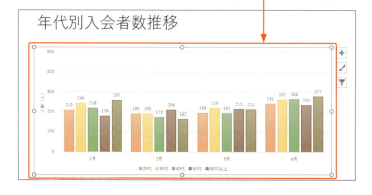

ステップアップ データ系列の書式を個別に設定する

特定のデータ系列を目立たせたい場合などは、個別に書式を変更できます。目的のデータ系列を選択し、＜グラフツール＞の＜書式＞タブの＜図形の塗りつぶし＞、＜図形の枠線＞、＜図形の効果＞などで書式を変更します。

Section 65 Excelのグラフを貼り付ける

覚えておきたいキーワード
☑ コピー
☑ 貼り付け
☑ 貼り付けのオプション

スライドには、Excelで作成したグラフをコピーして貼り付けることができます。スライドにグラフを貼り付けると、グラフの右下に＜貼り付けのオプション＞が表示されるので、クリックして、グラフの貼り付け方法を選択することができます。

1 グラフを貼り付ける

 メモ　グラフのコピーと貼り付け

グラフのコピーは Ctrl + C を、貼り付けは Ctrl + V を押してもできます。

① Excelのグラフをクリックして選択し、

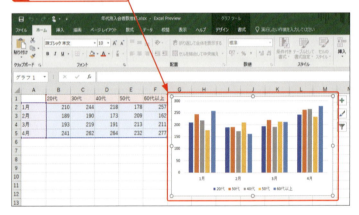

② ＜ホーム＞タブをクリックして、

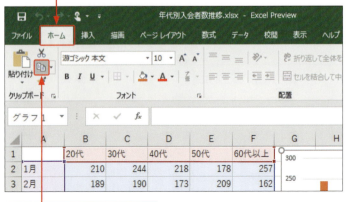

③ ＜コピー＞をクリックします。

4 PowerPointで貼り付ける
スライドを表示して、

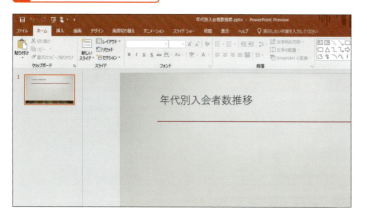

5 <ホーム>タブをクリックし、

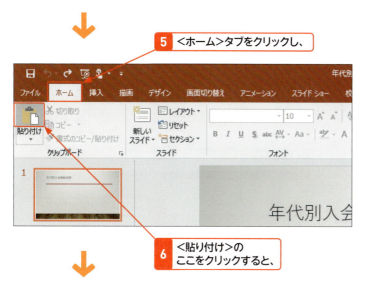

6 <貼り付け>の
ここをクリックすると、

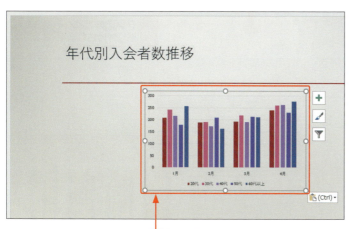

7 Excelのグラフが貼り付け先の
テーマに合わせて貼り付けられます。

ステップアップ　貼り付けたグラフの編集

貼り付けたグラフは、PowerPointで作成したグラフと同様の操作で編集できます。

メモ　<貼り付けのオプション>の利用

グラフを貼り付けると右下に表示される<貼り付けのオプション>（Ctrl）をクリックすると、<貼り付け先のテーマを使用しブックを埋め込む>、<元の書式を保持しブックを埋め込む>、<貼り付け先テーマを使用しデータをリンク>、<元の書式を保持しデータをリンク>、<図>のいずれかから、貼り付ける形式を選択できます。
なお、貼り付けのオプションは、<ホーム>タブの<貼り付け>の下部分をクリックしても選択できます。

2 Excelとリンクしたグラフを貼り付ける

 ヒント リンク元のファイルを開くには?

リンク貼り付けしたグラフのリンク元のファイルを開くには、グラフをダブルクリックします。

1. Excelのグラフをコピーして、PowerPointで貼り付けるスライドを表示し、
2. <ホーム>タブをクリックして、
3. <貼り付け>のここをクリックし、
4. <形式を選択して貼り付け>をクリックします。

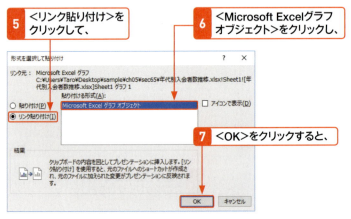

5. <リンク貼り付け>をクリックして、
6. <Microsoft Excelグラフオブジェクト>をクリックし、
7. <OK>をクリックすると、

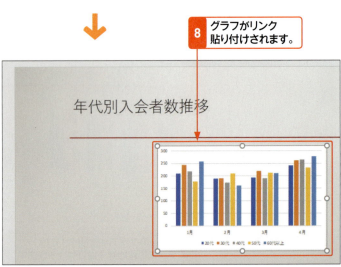

8. グラフがリンク貼り付けされます。

 ヒント リンク元のファイルを編集すると?

リンク元のファイルを編集すると、貼り付け先のファイルを開くときに、下図のメッセージが表示されます。<リンクを更新>をクリックすると、データが更新されます。

<リンクを更新>をクリックします。

Chapter 06

第6章

画像や動画などの挿入

Section	66	画像を挿入する
	67	スクリーンショットを挿入する
	68	画像をトリミングする
	69	画像をレタッチする
	70	画像の背景を削除する
	71	画像にスタイルを設定する
	72	音楽を挿入する
	73	動画を挿入する
	74	動画をトリミングする
	75	動画をレタッチする
	76	動画の音量を調整する
	77	動画に表紙を付ける
	78	WordやPDFの文書を挿入する
	79	ハイパーリンクを挿入する
	80	動作設定ボタンを挿入する

Section 66 画像を挿入する

覚えておきたいキーワード
- ☑ 図
- ☑ オンライン画像
- ☑ Bing

スライドには、デジタルカメラで撮影した画像やグラフィックソフトで作成した画像など、さまざまな画像を挿入できます。また、マイクロソフトが提供する検索サービス「Bing」を利用して、キーワードからインターネット上の画像を検索して挿入することも可能です。

1 パソコン内の画像を挿入する

メモ ＜挿入＞タブの利用

＜挿入＞タブの＜画像＞をクリックしても、＜図の挿入＞ダイアログボックスが表示され、画像を挿入することができます。
この場合、空のコンテンツのプレースホルダーがある場合はプレースホルダーに画像が配置され、空のコンテンツのプレースホルダーがない場合はプレースホルダー以外の場所に画像が配置されます。

1 プレースホルダーの＜図＞をクリックして、

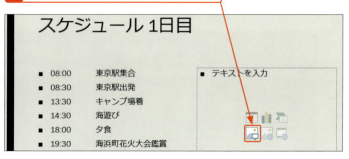

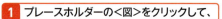

2 画像の保存場所を指定し、
3 目的の画像ファイルをクリックして、

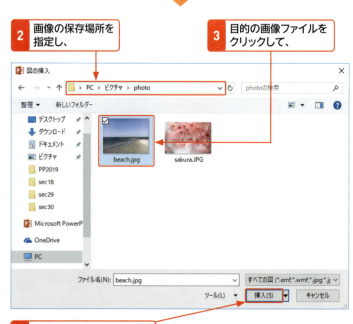

4 ＜挿入＞をクリックすると、

メモ 使用できる画像のファイル形式

スライドに挿入できる画像のファイル形式は、次のとおりです（かっこ内は拡張子）。

- Windows 拡張メタファイル（.emf）
- Windows メタファイル（.wmf）
- JPEG 形式（.jpg）
- PNG 形式（.png）
- Windows ビットマップ（.bmp）
- GIF 形式（.gif）
- 圧縮 Windows 拡張メタファイル（.emz）
- 圧縮 Windows メタファイル（.wmz）
- 圧縮 Macintosh PICT ファイル（.pcz）
- TIFF 形式（.tif）
- スケーラブルベクターグラフィックス（.svg）
- PICT 形式（.pct）

5 画像が挿入されます。

> **メモ** 画像の移動やサイズ変更
>
> 挿入された画像は、図形と同様の手順で移動したり、サイズを変更したりできます（Sec.36、37参照）。

メモ オンライン画像を挿入する

スライドには、インターネットで検索した画像を挿入することもできます。その場合は、プレースホルダーの＜オンライン画像＞アイコンや＜挿入＞タブの＜オンライン画像＞をクリックします。ボックスにキーワードを入力し、Enter を押すと、検索結果が表示されます。目的の画像をクリックし、＜挿入＞をクリックすると、スライドの画像が挿入されます。

なお、Bingで検索される画像は、既定では「クリエイティブ・コモンズ・ライセンス」という著作権ルールに基づいている作品です。作品のクレジット（氏名、作品タイトルなど）を表示すれば改変や営利目的の二次利用も可能なもの、クレジットを表示すれば非営利目的に限り改変や再配布が可能なものなど、作品によって使用条件が異なるので、画像をプレゼンテーションで使用したり、配布したりする際には注意が必要です。

1 キーワードを入力して、

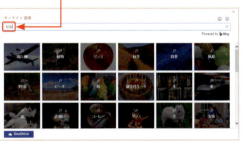

2 Enter を押すと、

3 検索結果が表示されます。

ここをクリックすると、さまざまな条件で検索結果を絞り込めます。

4 目的の画像をクリックして、

5 ＜挿入＞をクリックすると、画像が挿入されます。

Section 67 スクリーンショットを挿入する

覚えておきたいキーワード
- スクリーンショット
- 画面の領域
- ハイパーリンク

スライドにパソコン画面のスクリーンショットを挿入することができます。ウィンドウ全体はもちろん、ウィンドウの一部の領域を指定して挿入することも可能です。「ペイント」などのアプリケーションを使用しなくても、PowerPointの操作だけで行えます。

1 スクリーンショットを挿入する

メモ ウィンドウは開いておく

スライドにパソコン画面のスクリーンショットを挿入するときは、あらかじめスクリーンショットに使用するウィンドウを開いておきます。
なお、この方法では、Microsoft Edgeや「天気」などのストアアプリのスクリーンショットは挿入できません。

1 スクリーンショットに使用するウィンドウを開いて、

2 PowerPointの<挿入>タブをクリックし、

3 <スクリーンショット>をクリックして、

4 目的のウィンドウをクリックします。

メモ ハイパーリンクの設定

Webブラウザのスクリーンショットを挿入しようとすると、手順5の画面が表示される場合があります。
<はい>をクリックすると、挿入したスクリーンショットにURLのハイパーリンクが設定されます。スライドショー実行中に画像をクリックすると、Webブラウザが起動して挿入した画面が表示されます。
ハイパーリンクを設定しない場合は、<いいえ>をクリックします。

5 この画面が表示された場合は、ハイパーリンクを設定するかどうかを選択すると（左下の「メモ」参照）、

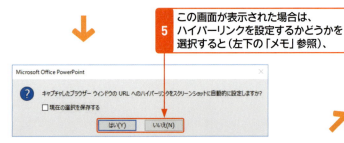

6 スクリーンショットが挿入されます。

2 指定した領域のスクリーンショットを挿入する

1 <挿入>タブをクリックし、

2 <スクリーンショット>をクリックして、

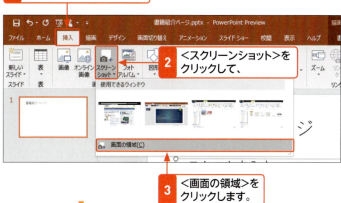

3 <画面の領域>をクリックします。

4 挿入する範囲を囲むように斜めにドラッグすると、スクリーンショットが挿入されます。

メモ 直前にウィンドウを表示する

画面の領域を指定してスクリーンショットを挿入する場合は、手順3のあと、自動的に直前に表示していたウィンドウが表示されるので、手順1の前に目的のウィンドウを表示しておきます。

メモ ストアアプリのスクリーンショットも挿入できる

画面の領域を指定する方法の場合は、ストアアプリのスクリーンショットも挿入することができます。

Section 68 画像をトリミングする

覚えておきたいキーワード
- ☑ トリミング
- ☑ 図形に合わせてトリミング
- ☑ 縦横比

「トリミング」とは、画像の特定の範囲を切り抜くことです。画像に不要なものが写っているときなどは、トリミングして必要な部分だけを切り抜きます。「図形に合わせてトリミング」を利用すると、角丸四角形や円、ハートなどの形で画像を切り抜くことができます。

1 トリミングする

ステップアップ 縦横比を指定してトリミング

下図の手順に従うと、画像の縦横比を指定して、トリミングすることができます。

1. <図ツール>の<書式>タブの<トリミング>のここをクリックし、
2. <縦横比>をポイントして、
3. 目的の縦横比をクリックします。

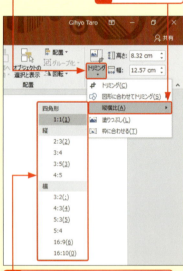

1. 画像をクリックして選択し、
2. <図ツール>の<書式>タブをクリックして、

3. <トリミング>のここをクリックすると、

4. 画像の周囲に黒いハンドルが表示されます。

5. 右上のハンドルにマウスポインターを合わせてドラッグし、

第6章 画像や動画などの挿入

メモ　トリミングの確定

トリミングを確定するには、画像以外の部分をクリックするか、Escを押します。また、＜図ツール＞の＜書式＞タブの＜トリミング＞のアイコン部分をクリックしても行えます。

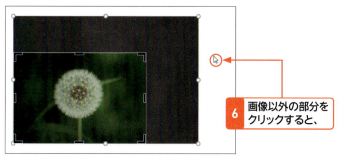

6 画像以外の部分をクリックすると、

7 画像がトリミングされます。

2 形状を決めてトリミングする

1 画像を選択して、＜図ツール＞の＜書式＞タブをクリックし、

2 ＜トリミング＞のここをクリックして、

3 ＜図形に合わせてトリミング＞をポイントし、

4 目的の図形をクリックすると、

5 選択した形でトリミングされます。

ステップアップ　トリミングの調整

図形に合わせてトリミングしたあと、図形の大きさやトリミングの位置を調整したい場合は、＜図ツール＞の＜書式＞タブの＜トリミング＞のアイコン部分をクリックします。黒いハンドルをドラッグすると図形の大きさが変わり、画像をドラッグすると表示される位置が変わります。

画像をドラッグすると、表示される位置が変わります。

黒いハンドルをドラッグすると、図形の大きさが変わります。

Section 69 画像をレタッチする

覚えておきたいキーワード
☑ 明るさ
☑ コントラスト
☑ アート効果

スライドに挿入した画像は、フォトレタッチソフトがなくても、PowerPointを利用して、明るさやコントラストを調整したり、ソフトネスやシャープネスを調整したりして、修整することができます。また、「アート効果」を利用すると、画像に絵画のような効果を与えることができます。

1 明るさやコントラストを調整する

メモ　明るさとコントラストの調整

画像の明るさとコントラスト（明暗の差）は、＜図ツール＞の＜書式＞タブの＜修整＞で調整できます。手順4では、明るさとコントラストを20％刻みで調整できます。また、＜図の書式設定＞作業ウィンドウを利用すると、数値を細かく設定できます（P.175上の「ステップアップ」参照）。

1 画像をクリックして選択し、

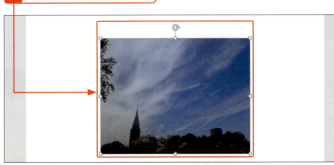

2 ＜図ツール＞の＜書式＞タブをクリックして、

3 ＜修整＞をクリックし、

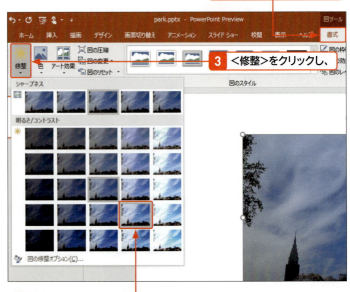

4 目的の明るさとコントラストの組み合わせをクリックすると、

5 明るさとコントラストが変更されます。

ヒント 明るさとコントラストを元に戻すには？

明るさとコントラストを元に戻すには、P.172 手順4で、＜明るさ：0％（標準）　コントラスト：0％（標準）＞をクリックします。

2 シャープネスを調整する

1 画像をクリックして選択し、

メモ シャープネスの設定

被写体の輪郭をはっきりさせたい場合は、シャープネスを設定します。手順4では25％または50％で設定できますが、＜図の書式設定＞作業ウィンドウを利用すると、数値を細かく設定できます（P.175 上の「ステップアップ」参照）。

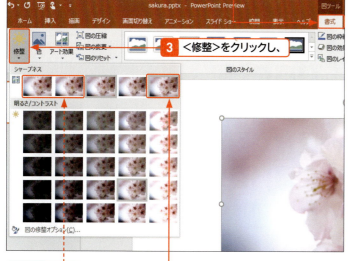

2 ＜図ツール＞の＜書式＞タブをクリックして、

3 ＜修整＞をクリックし、

4 目的のシャープネスをクリックすると、

ソフトネスを設定できます。

メモ ソフトネスの設定

被写体の輪郭をぼかしたい場合は、ソフトネスを設定します。ソフトネスを設定するには、左図で＜ソフトネス：25％＞または＜ソフトネス：50％＞をクリックします。また、＜図の書式設定＞作業ウィンドウを利用すると、数値を細かく設定できます（P.175 上の「ステップアップ」参照）。

Section 69 画像をレタッチする

ヒント シャープネス・ソフトネスを元に戻すには？

シャープネスまたはソフトネスを元に戻すには、P.173の手順❹で、＜シャープネス：0％＞をクリックします。

5 画像にシャープネスが設定されます。

3 アート効果を設定する

キーワード アート効果

「アート効果」とは、マーカーや線画、水彩、パステルなど、画像に絵画のような効果を与える機能のことです。

1 画像をクリックして選択し、

2 ＜図ツール＞の＜書式＞タブをクリックして、

3 ＜アート効果＞をクリックし、

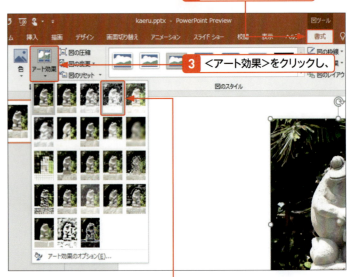

4 目的のアート効果（ここでは、＜鉛筆：スケッチ＞）をクリックすると、

第6章 画像や動画などの挿入

5 画像にアート効果が設定されます。

ヒント アート効果を元に戻すには?

アート効果を元に戻すには、P.174 の手順 4 で、<なし>をクリックします。

 明るさとコントラストの微調整

P.172 の手順 4 で<図の修整オプション>をクリックすると、<図の書式設定>作業ウィンドウが表示されるので、<明るさ>と<コントラスト>に数値を入力すると、微調整できます。
また、シャープネスやソフトネスも調整できます。

シャープネスやソフトネスを設定できます。

明るさとコントラストを設定できます。

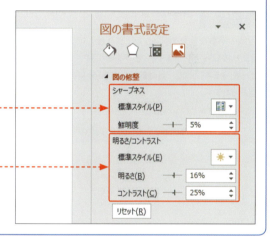

 アート効果の詳細設定

P.174 の手順 4 で<アート効果のオプション>をクリックすると、<図の書式設定>作業ウィンドウが表示され、透明度やサイズなど、詳細な設定を行うことができます。
なお、設定できる項目は、選択したアート効果の種類によって異なります。

アート効果のオプションを設定できます。

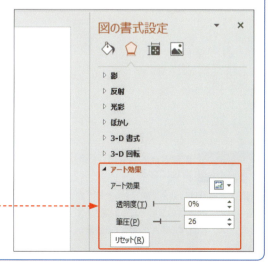

Section 70 画像の背景を削除する

覚えておきたいキーワード
- ☑ 背景の削除
- ☑ 保持する領域
- ☑ 削除する領域

商品画像など、被写体の輪郭を目立たせたい場合は、画像の背景を削除します。フォトレタッチソフトがなくても、PowerPointの機能で背景を削除することができます。背景を削除する場合は、背景がシンプルなもの、被写体と背景の色が似ていない画像を選ぶと、きれいに削除できるでしょう。

1 画像の背景を削除する

 メモ 画像の背景を削除

画像の不要な背景を削除して、被写体だけを切り抜くことができます。右の手順に従うと、画像を判別して、自動的に削除部分が選択されます。

1 画像をクリックして選択し、

2 <図ツール>の<書式>タブをクリックして、

3 <背景の削除>をクリックすると、

 メモ 削除される部分は紫色になる

削除する部分は、紫色で表示されます。右図の場合、被写体の皿の一部も削除されてしまうため、削除する範囲を調整する必要があります。

4 画像の削除する部分が紫色で塗りつぶされます。

メモ 保持する領域としてマーク

必要な部分まで削除する範囲として選択されてしまった場合は、＜背景の削除＞タブ＜保持する領域としてマーク＞をクリックし、画像の残したい部分をクリックします。

ヒント 削除したい範囲が選択されていない場合は？

削除する範囲を追加したい場合は、＜背景の削除＞タブの＜削除する領域としてマーク＞をクリックし、画像の削除したい部分をクリックします。

Section 71 画像にスタイルを設定する

覚えておきたいキーワード
- ☑ スタイル
- ☑ 図の枠線
- ☑ 図の効果

「スタイル」とは、枠線や影、ぼかし、3-D回転などの書式を組み合わせたもののことで、画像にスタイルを適用すると、かんたんに修飾することができます。また、＜図の枠線＞で画像に枠線を設定したり、＜図の効果＞で影やぼかし、面取りなどを設定したりすることも可能です。

1 スタイルを設定する

ヒント 画像に設定した書式を元に戻すには？

画像に設定した明るさやコントラストの調整、スタイルなどを元に戻すには、＜図ツール＞の＜書式＞タブの＜図のリセット＞の をクリックし、＜図のリセット＞をクリックします。また、＜図とサイズのリセット＞をクリックすると、画像の書式とサイズ変更、トリミングが元に戻ります。

1 画像をクリックして選択し、

2 ＜図ツール＞の＜書式＞タブをクリックして、

3 ＜図のスタイル＞のここをクリックし、

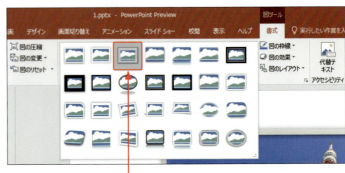

4 目的のスタイル（ここでは、＜メタルフレーム＞）をクリックすると、

ヒント 画像に枠線を付けるには？

画像に枠線を付けるには、＜図ツール＞の＜書式＞タブの＜図の枠線＞をクリックし、枠線の色を選択します。枠線の太さや種類も、＜図の枠線＞から変更できます。

5 画像にスタイルが設定されます。

2 効果を設定する

1 画像をクリックして選択し、

2 ＜図ツール＞の＜書式＞タブをクリックして、

3 ＜図の効果＞をクリックし、

4 ＜ぼかし＞をポイントして、

5 目的のぼかしのサイズをクリックすると、

6 ぼかしが設定されます。

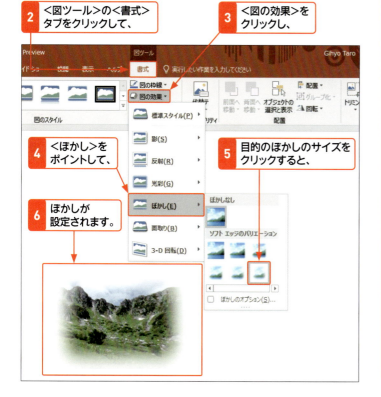

メモ　図の効果の設定

＜図ツール＞の＜書式＞タブの＜図の効果＞からは、影、反射、光彩、ぼかし、面取り、3-D回転の効果を設定することができます。

ヒント　画像を差し替えるには？

スライドに挿入した画像を他の画像に差し替えるには、画像をクリックして選択し、＜図ツール＞の＜書式＞タブの＜図の変更＞をクリックし、画像の保存場所をクリックします。
この方法で差し替えると、画像の位置やサイズ、スタイルはそのままで画像が差し替えられるので、編集する手間が省けます。

Section 72 音楽を挿入する

覚えておきたいキーワード
- ☑ オーディオ
- ☑ サウンドのアイコン
- ☑ バックグラウンド

スライドに合わせて効果音やBGMなどのオーディオを再生すると、出席者の関心をひきつけ、プレゼンテーションの内容を効果的に伝えることができます。オーディオは、次のスライドに切り替わってからも再生し続けたり、繰り返し再生したりすることができます。

1 パソコン内の音楽を挿入する

メモ オーディオファイルの挿入

スライドに挿入できるオーディオファイルの種類は、次のとおりです（かっこ内は拡張子）。

- ADTS Audio（.adts）
- AIFF audio file（.aif）
- AU audio file（.au）
- FLAC Audio（.flac）
- MIDI file（.mid）
- MKA Audio（.mka）
- MP3 audio file（.mp3）
- MP4 Audio（.m4a）
- Windows audio file（.wav）
- Windows Media Audio file（.wma）

1 オーディオを挿入するスライドを表示して、

2 ＜挿入＞タブの＜オーディオ＞をクリックし、

3 ＜このコンピューター上のオーディオ＞をクリックします。

4 ファイルの保存場所を指定して、

5 目的のファイルをクリックし、

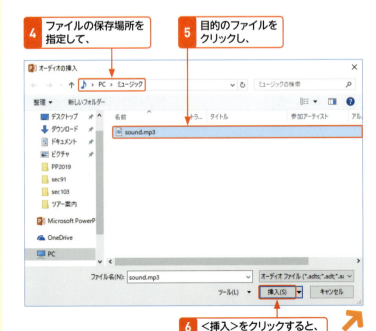

6 ＜挿入＞をクリックすると、

ヒント オーディオを削除するには？

スライドに挿入したオーディオを削除するには、スライド上のサウンドのアイコンをクリックして選択し、Deleteを押します。

Section 72 音楽を挿入する

7 オーディオが挿入され、サウンドのアイコンが表示されます。

ステップアップ 次のスライドに切り替わったあとも再生する

初期設定では、次のスライドに切り替わると、オーディオの再生が停止します。
次のスライドに切り替わったあとも再生されるようにするには、サウンドのアイコンをクリックして選択し、＜オーディオツール＞の＜再生＞タブの＜スライド切り替え後も再生＞をオンにします。

＜スライド切り替え後も再生＞をオンにします。

8 アイコンにマウスポインターを合わせ、

9 ドラッグすると、アイコンが移動します。

ヒント BGMとして利用するには？

サウンドのアイコンをクリックして選択し、＜オーディオツール＞の＜再生＞タブの＜バックグラウンドで再生＞をクリックすると、＜開始＞が＜自動＞に設定され（下の「ヒント」参照）、＜スライド切り替え後も再生＞、＜停止するまで繰り返す＞、＜スライドショーを実行中にサウンドのアイコンを隠す＞の各項目がオンになります。

ヒント オーディオを自動で再生させるには？

初期設定では、スライドショーを実行したときに、画面またはサウンドのアイコンをクリックすると、オーディオが再生されます。オーディオを挿入したスライドが表示されたときに自動的にオーディオが再生されるようにするには、サウンドのアイコンをクリックして選択し、＜オーディオツール＞の＜再生＞タブの＜開始＞で＜自動＞を選択します。

1 サウンドのアイコンをクリックして選択し、

2 ＜オーディオツール＞の＜再生＞タブをクリックして、

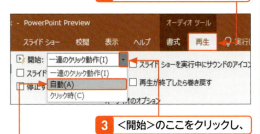

3 ＜開始＞のここをクリックし、

4 ＜自動＞をクリックします。

第6章 画像や動画などの挿入

Section 73 動画を挿入する

覚えておきたいキーワード
- ビデオの挿入
- YouTube
- 埋め込みコード

スライドには、デジタルビデオカメラで撮影した動画や、作成した動画ファイルなどを挿入することができます。また、インターネット上の動画サイト「YouTube」でキーワード検索を行って目的の動画を探して、挿入することも可能です。

1 パソコン内の動画を挿入する

メモ ＜挿入＞タブの利用

＜挿入＞タブの＜ビデオ＞をクリックし、＜このコンピューター上のビデオ＞をクリックしても、＜ビデオの挿入＞ダイアログボックスを表示させることができます。

1. 動画を挿入するスライドを表示して、
2. プレースホルダーの＜ビデオの挿入＞をクリックし、

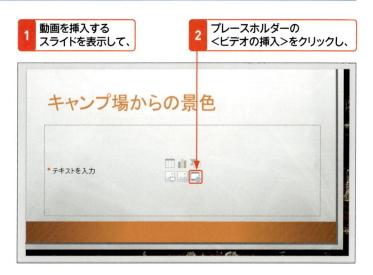

3. ＜ファイルから＞をクリックします。

ヒント インターネット上の動画を挿入するには？

インターネット上の動画を挿入するには、手順3の画面で、＜YouTube＞のボックスにキーワードを入力して[Enter]を押します。キーワードに該当する動画が検索されるので、目的の動画をクリックして、＜挿入＞をクリックします。また、＜ビデオの埋め込みコードから＞のボックスに埋め込みコードを入力して、インターネット上の動画を挿入することもできます。
なお、インターネット上の動画をプレゼンテーションで使用したり、配布したりする際には、動画の著作権に注意してください。

4 ファイルが保存されている場所を指定して、

5 目的のファイルをクリックし、

6 <挿入>をクリックすると、

7 動画が挿入されます。

クリックすると、動画が再生されます。

メモ 使用できる動画のファイル形式

スライドに挿入できる動画のファイル形式は、次のとおりです（かっこ内は拡張子）。

- Windows Media file（.asf）
- Windows video file（.avi）
- MK3D Video（.mk3d）
- MKV Video（.mkv）
- QuickTime Movie file（.mov）
- MP4 Video（.mp4）
- Movie File（.mpeg）
- MPEG-2 TS Video（.m2ts）
- Windows Media Video Files（.wmv）

ヒント 動画を削除するには？

挿入した動画を削除するには、スライド上の動画をクリックして選択し、Delete を押します。

メモ 動画の再生開始

初期設定では、スライドショー実行時にスライドをクリックするか、動画の画面下に表示される▶をクリックすると、動画が再生されます。スライドが切り替わったときに自動的に動画が再生されるようにするには、動画をクリックして選択し、<ビデオツール>の<再生>タブの<開始>で<自動>をクリックします。

1 <ビデオツール>の<再生>タブをクリックして、

2 <開始>のここをクリックし、

3 <自動>をクリックします。

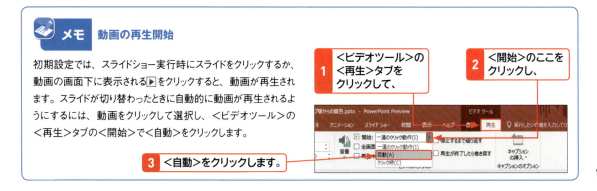

Section 73 動画を挿入する

第6章 画像や動画などの挿入

Section 74 動画をトリミングする

覚えておきたいキーワード
☑ トリミング
☑ ハンドル
☑ ビデオのトリミング

PowerPointには、かんたんな動画の編集機能が用意されています。画面の端に余計なものが映りこんでしまった場合は、画面の一部をトリミングすることができます。また、「ビデオのトリミング」を利用すると、動画の前後を削除することができます。

1 表示画面をトリミングする

メモ ビデオの表示画面のトリミング

特定の範囲を切り抜くことを、「トリミング」といいます。ビデオの画面に余計なものが映り込んでしまった場合は、画像と同様、トリミングすることができます。

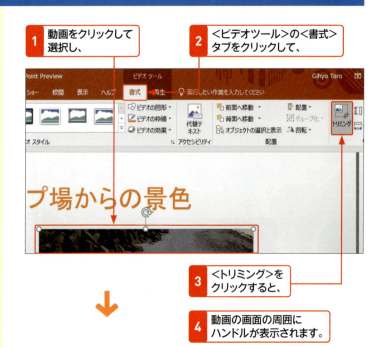

1 動画をクリックして選択し、
2 <ビデオツール>の<書式>タブをクリックして、
3 <トリミング>をクリックすると、
4 動画の画面の周囲にハンドルが表示されます。

5 ハンドルにマウスポインターを合わせて、

ヒント トリミングを元に戻すには？

トリミングを元に戻すには、動画をクリックして選択し、＜ビデオツール＞の＜書式＞タブの＜トリミング＞をクリックします。元の表示画面の周囲に丸いハンドルが、トリミング位置に黒いハンドルが表示されるので、黒いハンドルを元の領域までドラッグします。

ステップアップ 動画のサイズ変更と移動

スライドに挿入した動画は、図形と同様の方法でサイズや位置を変更できます（P.102、104参照）。

2 表示時間をトリミングする

 メモ　ビデオのトリミング

動画の前や後ろ部分が不要な場合は、ビデオのトリミングを利用して、再生されないようにすることができます。

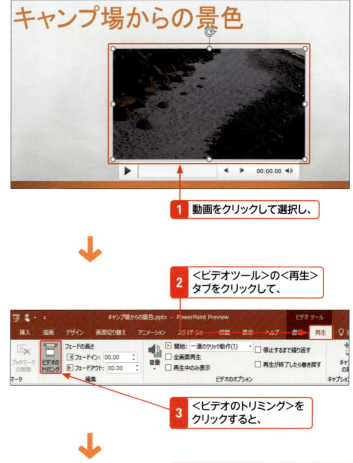

1 動画をクリックして選択し、

2 <ビデオツール>の<再生>タブをクリックして、

3 <ビデオのトリミング>をクリックすると、

4 <ビデオのトリミング>ダイアログボックスが表示されます。

5 緑色のスライダーを
ドラッグして開始位置を指定し、

メモ 開始位置と終了位置の指定

＜ビデオのトリミング＞ダイアログボックスでは、トリミング後のビデオの再生開始位置と終了位置を指定します。プレビューの下に表示される緑色のスライダーをドラッグすると開始位置を、赤色のスライダーをドラッグすると終了位置を指定できます。

6 赤色のスライダーを
ドラッグして終了位置を指定し、

7 ＜OK＞をクリックすると、

8 動画がトリミングされます。

Section 75 動画をレタッチする

覚えておきたいキーワード
- 明るさ
- コントラスト
- スタイル

スライドに挿入した動画は、明るさやコントラスト（明暗の差）を調整することができます。また、枠線や影、ぼかしなどの書式を組み合わせた「スタイル」が用意されているので、動画をかんたんに装飾することもできます。これらの設定は、＜ビデオツール＞の＜書式＞タブから行います。

1 明るさやコントラストを調整する

ステップアップ　明るさやコントラストの微調整

右図では、明るさとコントラストを20%ごとに調整できます。
手順4で＜ビデオの修整オプション＞をクリックすると、＜ビデオの設定＞作業ウィンドウが表示されるので、＜明るさ＞と＜コントラスト＞に数値を入力すると、明るさとコントラストを微調整することができます。

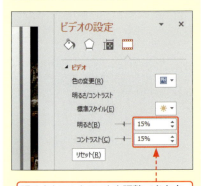

明るさとコントラストを調整できます。

1. 動画をクリックして選択し、
2. ＜ビデオツール＞の＜書式＞タブをクリックして、
3. ＜修整＞をクリックし、
4. 目的の明るさとコントラストの組み合わせをクリックすると、
5. 明るさとコントラストが変更されます。

2 スタイルを設定する

1 <ビデオツール>の<書式>タブをクリックして、

2 <ビデオスタイル>グループのここをクリックし、

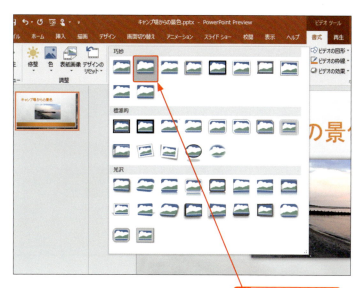

3 目的のスタイルをクリックすると、

4 動画にスタイルが設定されます。

ステップアップ 動画に枠線を設定する

動画に枠線を設定するには、<ビデオツール>の<書式>タブの<ビデオの枠線>をクリックし、目的の色をクリックします。枠線の種類や太さも<ビデオの枠線>から設定できますが、スタイルによっては設定できないこともあります。

ステップアップ 動画に影やぼかしなどの効果を設定する

ビデオには、影、反射、光彩、ぼかし、面取り、3-D回転の6種類の効果を設定することができます。効果は、<ビデオツール>の<書式>タブの<ビデオの効果>から設定できます。

Section 76 動画の音量を調整する

覚えておきたいキーワード
☑ 音量
☑ フェードイン
☑ フェードアウト

スライドに挿入した動画は、スライドショーで再生する前にあらかじめ音量を調整しておきましょう。また、動画の先頭と終わりには、フェードイン／フェードアウトを設定することが可能です。いずれの機能も、＜ビデオツール＞の＜再生＞タブで設定することができます。

1 音量を調整する

メモ 音量の調整

動画の音量の調整は、右の手順のほか、下図の手順でも行えます。

1 ここをポイントし、

2 スライダーをドラッグして音量を調整します。

1 動画をクリックして選択し、

2 ＜ビデオツール＞の＜再生＞タブをクリックして、

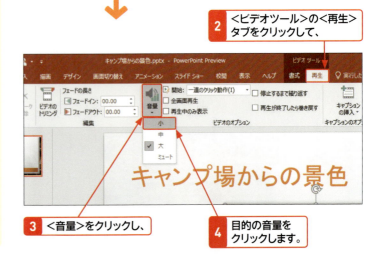

3 ＜音量＞をクリックし、

4 目的の音量をクリックします。

2 フェードイン／フェードアウトを設定する

1 動画をクリックして選択し、

2 ＜ビデオツール＞の＜再生＞タブをクリックして、

3 ＜フェードイン＞と＜フェードアウト＞の時間を指定します。

ステップアップ 動画を全画面で再生する

スライドショー実行中に動画を全画面で再生するには、動画をクリックして選択し、＜ビデオツール＞の＜再生＞タブの＜全画面再生＞をオンにします。

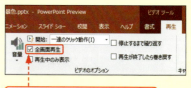

＜全画面再生＞をオンにします。

ステップアップ 動画を繰り返し再生する

スライドショー実行中に動画を繰り返し再生するには、動画をクリックして選択し、＜ビデオツール＞の＜再生＞タブの＜停止するまで繰り返す＞をオンにします。

＜停止するまで繰り返す＞をオンにします。

ヒント スライドショー実行中に音量を調整するには？

スライドショー実行中に動画の音量を調整するには、動画をポイントして、 🔊 をポイントし、スライダーをドラッグします。 🔊 をクリックするとミュートになります。

1 ここをポイントし、

2 スライダーをドラッグして音量を調整します。

Section 77 動画に表紙を付ける

覚えておきたいキーワード
☑ 表紙画像
☑ ファイルから画像を挿入
☑ 現在の画像

スライドに挿入した動画には、表紙の画像を追加することができます。表紙画像には、パソコンなどに保存されている画像ファイルのほか、動画のワンシーンを画像にして設定することも可能です。表紙画像は、＜ビデオツール＞の＜書式＞タブから設定します。

1 表紙を付ける

 メモ 表紙画像の挿入

表紙画像には、別途用意した画像ファイルか、動画内の画像を指定できます。
ここでは、パソコンに保存されている画像ファイルを表紙画像に設定する方法を解説しています。

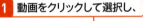 動画をクリックして選択し、

 ヒント 動画内の画像を表紙画像にするには？

動画内の画像を表紙画像に設定するには、動画をクリックして選択し、＜ビデオツール＞の＜書式＞タブの＜再生＞をクリックします。目的の位置まで再生されたら、＜ビデオツール＞の＜書式＞タブの＜一時停止＞をクリックします。＜ビデオツール＞の＜書式＞タブの＜表紙画像＞をクリックし、＜現在の画像＞をクリックすると、表紙画像が挿入されます。

2 ＜ビデオツール＞の＜書式＞タブをクリックして、

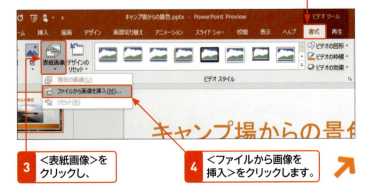

3 ＜表紙画像＞をクリックし、

4 ＜ファイルから画像を挿入＞をクリックします。

5 <ファイルから>をクリックして、

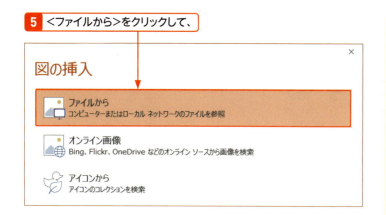

6 ファイルが保存されている場所を指定し、

7 目的のファイルをクリックして、

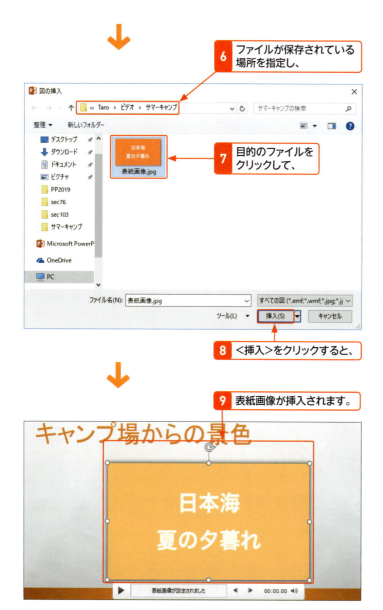

8 <挿入>をクリックすると、

9 表紙画像が挿入されます。

ステップアップ インターネット上の画像を検索して挿入する

インターネット上の画像を検索して表紙画像として挿入するには、左図の<オンライン画像>をクリックします。<Bing>のボックスにキーワードを入力し、Enterを押します。検索結果が表示されるので、目的の画像をクリックし、<挿入>をクリックします。P.167の下の「メモ」と同様に、画像の著作権には十分注意してください。

ヒント 表紙画像を削除するには？

表紙画像を削除するには、動画をクリックして選択し、<ビデオツール>の<書式>タブの<表示画像>をクリックして、<リセット>をクリックします。

Section 78 WordやPDFの文書を挿入する

覚えておきたいキーワード
- ☑ オブジェクトの挿入
- ☑ PDF
- ☑ リンク

スライドには、Word 文書や PDF ファイルなど、他のアプリケーションで作成したファイルをオブジェクトとして挿入することができます。挿入するファイルは、作成元のファイルにリンクさせることができます。また、スライドに挿入したオブジェクトは、作成したアプリケーションで編集できます。

1 スライドにファイルを挿入する

 メモ　埋め込みオブジェクトの挿入

スライドには、Office アプリケーションで作成したファイルや PDF 文書、テキストファイルなど、さまざまなファイルをオブジェクトとして挿入することができます。

ヒント　オブジェクトを新しく作成するには？

スライド上で Excel やペイントなどの他のアプリケーションを利用して、新しいオブジェクトを作成することができます。＜オブジェクトの挿入＞ダイアログボックスで下の手順に従うと、タブなどがオブジェクトを作成するためのアプリケーションのものに変わったり、アプリケーションが起動したりするので、オブジェクトを作成します。

① ＜新規作成＞をクリックして、
② オブジェクトの種類をクリックし、

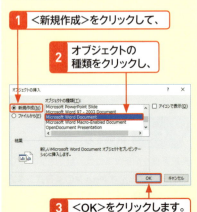

③ ＜OK＞をクリックします。

① ＜挿入＞タブの＜オブジェクト＞をクリックして、

↓

② ＜ファイルから＞をクリックし、

③ ＜参照＞をクリックします。

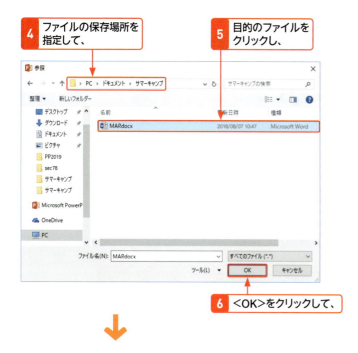

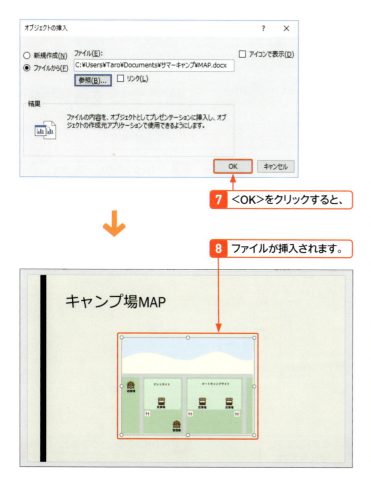

メモ ファイルをリンクさせる

手順7の画面で＜リンク＞をオンにすると、ファイルをスライドへリンク貼り付けすることができます。作成元のファイルに変更を加えると、スライドに挿入したファイルにも、変更が反映されます。

ヒント 挿入したオブジェクトを削除するには？

挿入したオブジェクトを削除するには、目的のオブジェクトをクリックして選択し、[Delete]を押します。

ステップアップ 挿入したオブジェクトの編集

挿入したオブジェクトを編集するには、オブジェクトをダブルクリックします。Officeアプリケーションで作成したファイルの場合は、タブが作成したアプリケーションのものに変わるので、編集します。編集が終わったら、オブジェクトの枠外をクリックすると、元の画面に戻ります。
その他のアプリケーションの場合は、作成したアプリケーションが起動して、オブジェクトを編集することができます。

Section 79 ハイパーリンクを挿入する

覚えておきたいキーワード
- ☑ ハイパーリンク
- ☑ リンク先
- ☑ アドレス

ハイパーリンクを設定すると、文字列やオブジェクトをクリックするだけで、リンク先のスライドやインターネット上のWebページを表示することができます。このセクションでは、文字列をクリックするとWebページが表示されるようにハイパーリンクを設定する方法を解説します。

1 ハイパーリンクを挿入する

メモ ハイパーリンクの設定

ハイパーリンクは、文字列だけでなく、グラフや図形、画像などのオブジェクトにも設定することができます。
ハイパーリンクを設定した文字列やオブジェクトをクリックすると、指定したリンク先が表示されます。

文字列にWebページへのハイパーリンクを設定します。

 ハイパーリンクを設定する文字列を選択し、

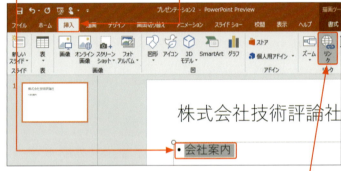

2 <挿入>タブをクリックして、

3 <リンク>をクリックします。

4 <ファイル、Webページ>をクリックして、

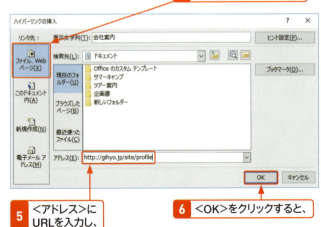

 <アドレス>にURLを入力し、

6 <OK>をクリックすると、

ヒント リンク先に他のスライドを指定するには？

ハイパーリンクのリンク先に同じプレゼンテーション内の他のスライドを指定するには、手順4で<このドキュメント内>をクリックし、表示されるスライドの一覧から目的のスライドをクリックします。

7 文字列にハイパーリンクが設定されます。

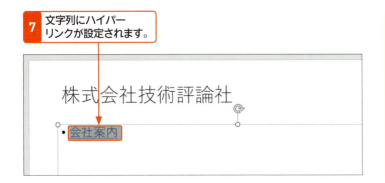

8 ハイパーリンクが設定された文字列を右クリックして、

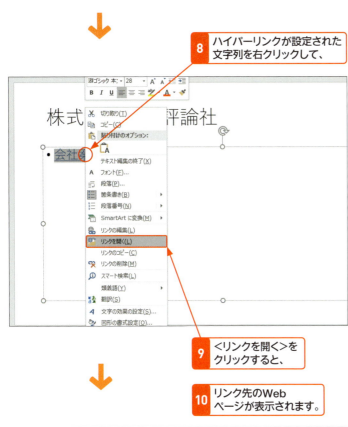

9 <リンクを開く>をクリックすると、

10 リンク先のWebページが表示されます。

メモ ハイパーリンクが設定された文字列

文字列にハイパーリンクを設定すると、左図のように下線が引かれ、フォントの色がハイパーリンク用の色に変わります。このフォントの色は、設定しているテーマとバリエーションの配色によって決まるので、フォントの色を変更するには、配色のオリジナルパターンを作成します（P.73のステップアップ参照）。

ヒント ハイパーリンクを解除するには？

ハイパーリンクを解除するには、ハイパーリンクが設定された文字列やオブジェクトを右クリックし、<リンクの削除>をクリックします。

メモ リンク先の表示

スライドショー中にリンク先を表示するには、ハイパーリンクが設定された文字列やオブジェクトをクリックします。

Section 80 動作設定ボタンを挿入する

覚えておきたいキーワード
- ☑ 動作設定ボタン
- ☑ クリック時の動作
- ☑ ハイパーリンク

「動作設定ボタン」は、図形の一種で、ハイパーリンクを設定したり、他のアプリケーションが起動するようにしたりすることができます。このセクションでは、クリックすると最初のスライドを表示する動作設定ボタンを挿入する方法を解説します。

1 動作設定ボタンを挿入する

メモ 動作設定ボタンの機能

動作設定ボタンのうち、次の6種類は、クリック時に実行する動作があらかじめ設定されています。

◁ 前のスライドを表示します。
▷ 次のスライドを表示します。
◁◁ 最初のスライドを表示します。
▷▷ 最後のスライドを表示します。
 最初のスライドを表示します。
 直前のスライドを表示します。

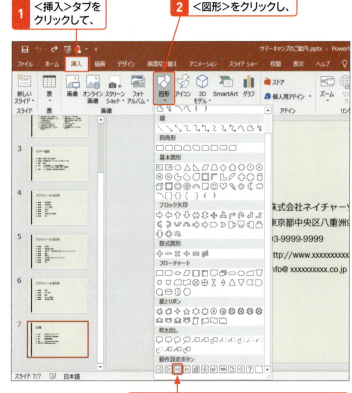

① <挿入>タブをクリックして、
② <図形>をクリックし、
③ 目的の動作設定ボタン（ここでは、<動作設定ボタン：最初に移動>）をクリックして、

④ ボタンを挿入する位置でクリックします。

メモ 動作設定ボタンのサイズ

手順④でスライド上を斜めにドラッグすると、ドラッグした大きさで動作設定ボタンを挿入することができます。

5 ＜マウスのクリック＞をクリックして、

6 リンク先のスライドを確認し、

7 ＜OK＞をクリックすると、

8 動作設定ボタンが挿入されます。

9 スライドショーを実行し（P.240参照）、

10 動作設定ボタンをクリックすると、

11 リンク先のスライドが表示されます。

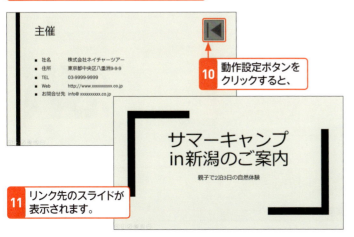

Section 80 動作設定ボタンを挿入する

メモ　動作設定ボタンのリンク先の変更

あらかじめ動作が設定されたボタンの場合、＜オブジェクトの動作設定＞ダイアログボックスの＜マウスのクリック＞では、対応したリンク先が表示されます。リンク先を変更するには、＜ハイパーリンク＞の▼をクリックして、目的のリンク先をクリックします。

ステップアップ　アプリケーションを起動させる

動作設定ボタンをクリックしたときに、アプリケーションが起動するようにするには、＜オブジェクトの動作設定＞ダイアログボックスの＜マウスのクリック＞で＜プログラムの実行＞をクリックし、＜参照＞をクリックします。＜起動するプログラムの選択＞ダイアログボックスが表示されるので、目的のアプリケーションをクリックして、＜OK＞をクリックします。

ステップアップ　オブジェクトに動作を設定する

文字列やオブジェクトをクリックしたときに、アプリケーションが起動するようにするには、目的の文字列またはオブジェクトを選択して、＜挿入＞タブの＜動作＞をクリックします。＜オブジェクトの動作設定＞ダイアログボックスが表示されるので、動作設定ボタンと同様に設定を行います。

ヒント　動作設定ボタンを編集するには？

動作設定ボタンは、他の図形と同様に、サイズや色などを変更することができます（P.104、108参照）。

第6章　画像や動画などの挿入

ステップアップ フォトアルバムの作成

「フォトアルバム」を利用すると、お気に入りの複数の画像から、かんたんにスライドショーを作成することができます。フォトアルバムを作成するには、＜挿入＞タブの＜フォトアルバム＞をクリックし、＜新しいフォトアルバム＞をクリックします。＜フォトアルバム＞ダイアログボックスが表示されるので、右の手順に従います。

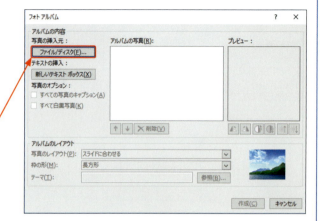

1 ＜ファイル/ディスク＞をクリックして、

2 ファイルの保存場所を指定し、

3 目的のファイルを Ctrl を押しながらクリックして、

4 ＜挿入＞をクリックし、

写真の順序を変更できます。

1枚のスライドに配置する写真の枚数を設定できます。

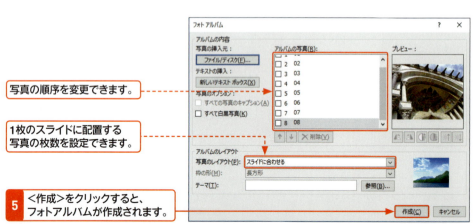

5 ＜作成＞をクリックすると、フォトアルバムが作成されます。

Chapter 07

第7章

アニメーションの設定

Section		
	81	スライドの切り替え時にアニメーション効果を設定する
	82	スライド切り替えのアニメーション効果を活用する
	83	テキストや図形にアニメーション効果を設定する
	84	テキストの表示方法を変更する
	85	SmartArtにアニメーションを設定する
	86	グラフにアニメーションを設定する
	87	指定した動きでアニメーションさせる
	88	アニメーション効果をコピーする
	89	アニメーション効果を活用する

Section 81 スライドの切り替え時にアニメーション効果を設定する

覚えておきたいキーワード
- ☑ アニメーション効果
- ☑ 画面切り替え効果
- ☑ 効果のオプション

スライドが次のスライドへ切り替わるときに、「画面切り替え効果」というアニメーション効果を設定することができます。画面切り替え効果は、＜画面切り替え＞タブで設定します。スライドが切り替わる方向などは、＜効果のオプション＞で変更することができます。

1 画面切り替え効果を設定する

🔍 キーワード　画面切り替え効果

「画面切り替え効果」とは、スライドから次のスライドへ切り替わる際に、画面に変化を与えるアニメーション効果のことです。スライドが端から徐々に表示される「ワイプ」をはじめとする48種類から選択できます。

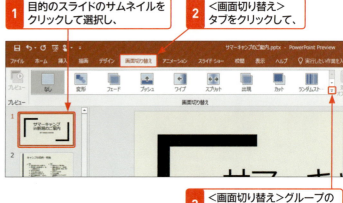

1 目的のスライドのサムネイルをクリックして選択し、

2 ＜画面切り替え＞タブをクリックして、

3 ＜画面切り替え＞グループのここをクリックし、

📝 メモ　画面切り替え効果を確認する

目的の画面切り替え効果をクリックすると、画面切り替え効果が1度だけ再生されるので、確認することができます。また、設定後に＜画面切り替え＞タブの＜プレビュー＞をクリックしても、画面切り替え効果を確認できます（P.204参照）。

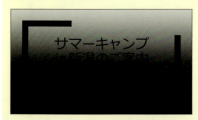

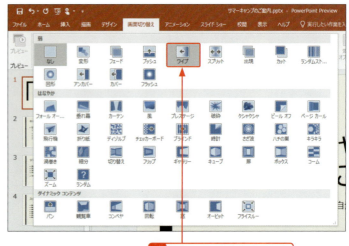

4 目的の画面切り替え効果をクリックすると、

5 画面切り替え効果が設定されます。

画面切り替え効果が設定されていることを示すアイコンが表示されます。

メモ アイコンが表示される

画面切り替え効果やオブジェクトのアニメーション効果を設定すると、サムネイルウィンドウのスライド番号の下に、アイコンが表示されます。

2 効果のオプションを設定する

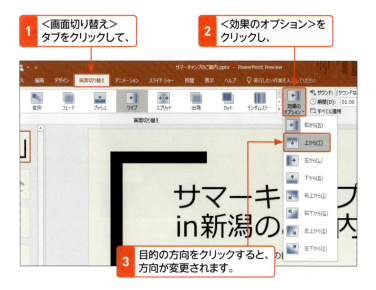

1 <画面切り替え>タブをクリックして、

2 <効果のオプション>をクリックし、

3 目的の方向をクリックすると、方向が変更されます。

メモ スライドの切り替わる方向の設定

スライドの切り替わる方向を変更するには、<画面切り替え効果>タブの<効果のオプション>から、目的の方向を選択します。

メモ 画面切り替え効果によって<効果のオプション>は異なる

設定している画面切り替え効果の種類によって、<効果のオプション>に表示される項目は異なります。たとえば、<キラキラ>を設定している場合は、右図のように形と方向を設定できます。

3 画面切り替え効果を確認する

> **ヒント** 画面切り替え効果を変更するには？
>
> 画面切り替え効果をプレビューで確認して、イメージしていたものと違った場合は、P.202の方法でほかの画面切り替え効果を選択すると、画面切り替え効果を設定し直すことができます。

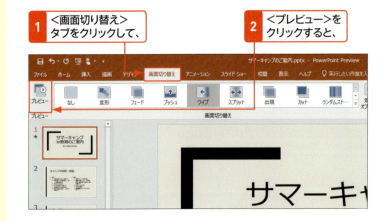

1 ＜画面切り替え＞タブをクリックして、
2 ＜プレビュー＞をクリックすると、

3 画面切り替え効果が再生されます。

黒い画面の上から徐々にスライドが表示されます。

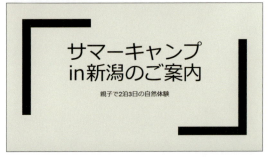

4 画面切り替え効果を削除する

1 目的のスライドのサムネイルをクリックして選択し、

2 <画面切り替え>タブをクリックして、

3 <画面切り替え>グループのここをクリックし、

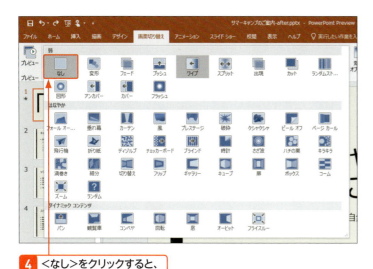

4 <なし>をクリックすると、

5 画面切り替え効果が削除されます。

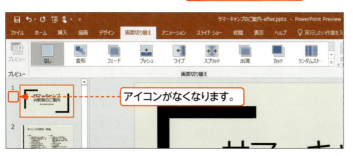

アイコンがなくなります。

> **ヒント すべての画面切り替え効果を削除するには？**
>
> すべてのスライドに設定した画面切り替え効果を削除するには、手順4のあと、<画面切り替え効果>タブの<すべてに適用>をクリックします。

Section 82 スライド切り替えのアニメーション効果を活用する

覚えておきたいキーワード
☑ 期間
☑ 自動的に切り替え
☑ サウンド

画面切り替え効果のスピードは、変更することができます。既定では、プレゼンテーション実行中にクリックすると次のスライドに切り替わりますが、指定の時間が経過したら自動的に切り替わるように設定することも可能です。また、スライドが切り替わるときの効果音を設定できます。

1 画面切り替え効果のスピードや時間を設定する

メモ 画面切り替え効果のスピードの設定

画面切り替え効果のスピードを設定するには、＜画面切り替え＞タブの＜期間＞で、画面切り替え効果にかかる時間を指定します。数値が小さいと、スピードが速くなります。

1 目的のスライドのサムネイルをクリックして選択し、
2 ＜画面切り替え＞タブをクリックして、

3 ＜期間＞で画面切り替え効果のスピードを指定し、

メモ スライドが切り替わる時間の設定

画面切り替え効果を設定した直後の状態では、スライドショー実行中に画面をクリックすると、次のスライドに切り替わります。指定した時間で次のスライドに自動的に切り替わるようにするには、＜画面切り替え＞タブの＜自動的に切り替え＞をオンにし、横のボックスで切り替えまでの時間を指定します。

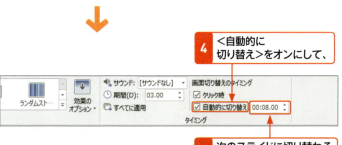

4 ＜自動的に切り替え＞をオンにして、
5 次のスライドに切り替わるまでの時間を指定します。

2 スライドが切り替わるときに効果音を出す

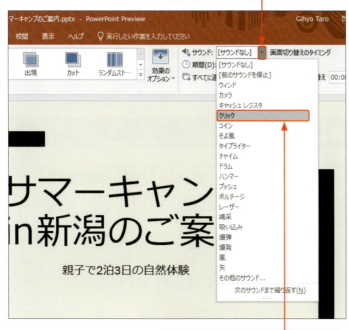

1 <画面切り替え>タブの<サウンド>のここをクリックして、

2 目的のサウンドをクリックすると、効果音が設定されます。

ヒント 効果音を削除するには?

設定した効果音を削除するには、手順2で<[サウンドなし]>をクリックします。

ステップアップ すべてのスライドに同じ効果を設定するには?

すべてのスライドに同じ画面切り替え効果を設定するには、<画面切り替え>タブの<すべてに適用>をクリックします。

ステップアップ スライド切り替え時のサウンドにファイルを指定する

スライドが切り替わるときの効果音にあらかじめ用意したサウンドファイルを指定する場合は、上の手順2で<その他のサウンド>をクリックします。<オーディオの追加>ダイアログボックスが表示されるので、サウンドファイルを指定します。

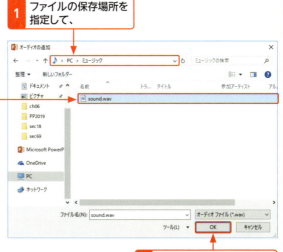

1 ファイルの保存場所を指定して、

2 目的のファイルをクリックし、

3 <OK>をクリックします。

Section 83 テキストや図形にアニメーション効果を設定する

覚えておきたいキーワード
- ☑ アニメーション効果
- ☑ 効果のオプション
- ☑ プレビュー

オブジェクトに注目を集めるには、「アニメーション効果」を設定して動きをつけます。このセクションでは、テキストが滑り込んでくる「スライドイン」のアニメーション効果を設定します。アニメーションの開始のタイミングや速度は、変更することができます。

1 アニメーション効果を設定する

> **メモ アニメーション効果の設定**
>
> テキストや図形、グラフなどのオブジェクトにアニメーション効果を設定するには、目的のオブジェクトを選択し、＜アニメーション＞タブから目的のアニメーションをクリックします。＜アニメーション＞タブでは、アニメーションの効果の追加や設定の変更なども行うことができます。

テキストに開始のアニメーション効果「スライドイン」を設定します。

1 アニメーション効果を設定するプレースホルダーの枠線をクリックして選択し、

2 ＜アニメーション＞タブをクリックして、

3 ＜アニメーション＞グループのここをクリックし、

4 目的のアニメーション効果をクリックすると、

メモ アニメーション効果の種類

アニメーション効果には、大きくわけて次の4種類があります。
① ＜開始＞
　オブジェクトを表示するアニメーション効果を設定します。
② ＜強調＞
　スピンなど、オブジェクトを強調させるアニメーション効果を設定します。
③ ＜終了＞
　オブジェクトを消すアニメーション効果を設定します。
④ ＜アニメーションの軌跡＞
　オブジェクトを自由に動かすアニメーション効果を設定します（Sec.87 参照）。

なお、手順4で目的のアニメーション効果が一覧に表示されない場合は、＜その他の開始効果＞などをクリックすると表示されるダイアログボックスを利用します。

5 アニメーションが再生され、アニメーション効果が設定されます。

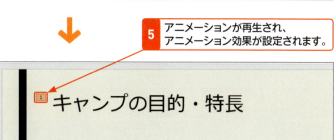

メモ アニメーションの再生順序

アニメーション効果を設定すると、スライドのオブジェクトの左側にアニメーションの再生順序が数字で表示されます。アニメーション効果は、設定した順に再生されます。
なお、この再生順序は、＜アニメーション＞タブ以外では非表示になります。

2 アニメーション効果の方向を変更する

1 ＜アニメーション＞タブをクリックし、

2 アニメーション効果の再生順序をクリックして選択し、

メモ アニメーション効果の選択

アニメーション効果を選択するには、＜アニメーション＞タブをクリックして、目的のアニメーション効果の再生順序をクリックします。

メモ　アニメーションの方向

「スライドイン」や「ワイプ」など、一部のアニメーション効果では、オブジェクトが動く方向を設定できます。
なお、＜効果のオプション＞に表示される項目は、設定しているアニメーション効果によって異なります。

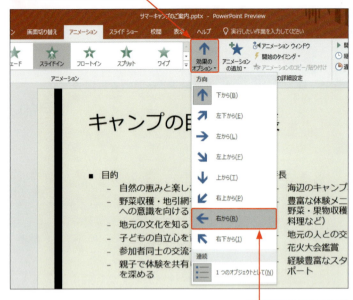

3 アニメーションのタイミングや速度を変更する

メモ　アニメーションの再生のタイミングの変更

オブジェクトに設定したアニメーション効果は、再生するタイミングを変更することができます。選択できる項目は、次のとおりです。

① ＜クリック時＞
スライドショーの再生時に、画面上をクリックすると再生されます。

② ＜直前の動作と同時＞
直前に再生されるアニメーションと同時に再生されます。

③ ＜直前の動作の後＞
直前に再生されるアニメーションのあとに再生されます。前のアニメーションが終了してから次のアニメーションが再生されるまでの時間は、＜遅延＞で指定できます。

5 <遅延>で再生開始までの時間を指定し、

メモ アニメーションの速度の変更

<アニメーション>タブの<継続時間>では、アニメーションの再生速度を設定することができます。数値が大きいほど、再生速度が遅くなります。

6 <継続時間>でアニメーションの速度を指定します。

4 アニメーション効果を確認する

1 <アニメーション>タブをクリックして、

メモ アニメーション効果の確認

<アニメーション>タブの<プレビュー>のアイコン部分 をクリックすると、そのスライドに設定されているアニメーション効果が再生されます。

2 <プレビュー>のここをクリックすると、

3 アニメーションが再生されます。

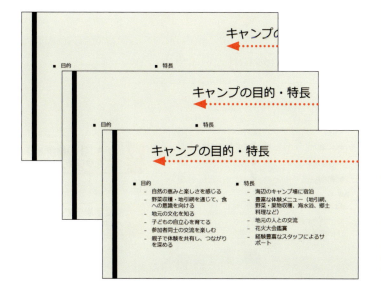

Section 84 テキストの表示方法を変更する

覚えておきたいキーワード
☑ テキストの動作
☑ グループテキスト
☑ 段落レベル

アニメーション効果を設定したテキストは、文字単位で表示させることができます。段落レベルが設定されているテキストにアニメーション効果を設定すると、既定では異なる段落レベルのテキストが同時に再生されますが、第1レベルが再生されてから第2レベルが再生されるように変更することも可能です。

1 テキストが文字単位で表示されるようにする

メモ アニメーション効果の詳細設定

アニメーション効果を選択して、＜アニメーション＞タブの＜アニメーション＞グループのダイアログボックス起動ツール をクリックすると、アニメーション効果の名前のダイアログボックスが表示され、詳細を設定することができます。

① ＜アニメーション＞タブをクリックし、

② 目的のアニメーション効果の再生順序をクリックして選択し、
③ ＜アニメーション＞グループのここをクリックして、

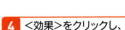

④ ＜効果＞をクリックし、

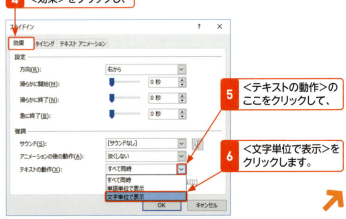

⑤ ＜テキストの動作＞のここをクリックして、
⑥ ＜文字単位で表示＞をクリックします。

ヒント テキストを単語単位で表示するには？

テキストを単語単位で表示するには、手順 で＜単語単位で表示＞をクリックします。

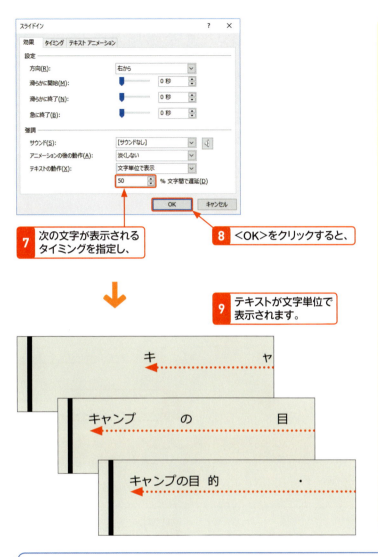

メモ 文字が表示される間隔の設定

手順7では、次の文字が表示されるまでの間隔を設定できます。
「100」を入力すると、1つの文字のアニメーションが終了してから次の文字のアニメーションが開始します。

ステップアップ アニメーション再生後のテキストの色の変更

アニメーションの再生後にテキストの色を変更するには、手順7の画面で＜アニメーションの後の動作＞から、目的の色をクリックします。
なお、＜アニメーションの後で非表示にする＞をクリックすると、アニメーションの再生後にオブジェクトが非表示になります。

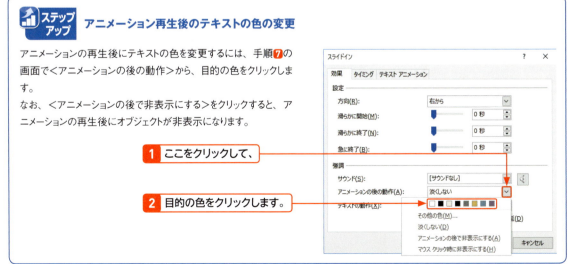

2 一度に表示されるテキストの段落レベルを変更する

 メモ　一度に表示されるテキストの設定

段落レベル（P.78参照）の設定されたテキストにアニメーション効果を設定すると、既定では、異なる段落レベルのテキストのアニメーションが同時に再生されます。
右の手順では、第1段落レベルのテキストが再生されたあと、第2段落レベル以下のテキストが再生されるように設定を変更しています。

アニメーション効果「スライドイン」の「右から」を設定しています。

1 目的のプレースホルダーの枠線をクリックして選択し、

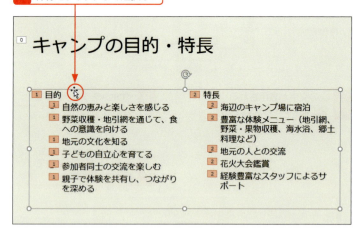

2 <アニメーション>タブをクリックして、

3 <アニメーション>グループのここをクリックします。

4 <テキストアニメーション>をクリックして、

5 <グループテキスト>のここをクリックし、

6 一度に表示するテキストの量を指定して、

7 <OK>をクリックすると、

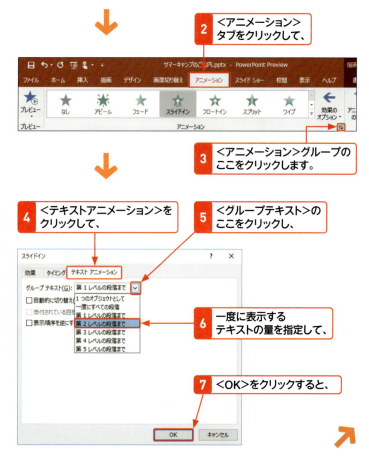

 ステップアップ　アニメーション効果を繰り返す

アニメーション効果を繰り返すには、手順4の画面を表示して、下の手順に従います。

1 <タイミング>をクリックして、

2 <繰り返し>のここをクリックし、

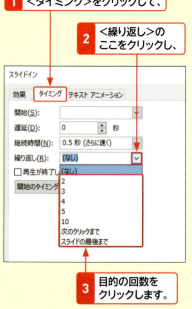

3 目的の回数をクリックします。

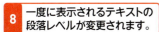
8 一度に表示されるテキストの段落レベルが変更されます。

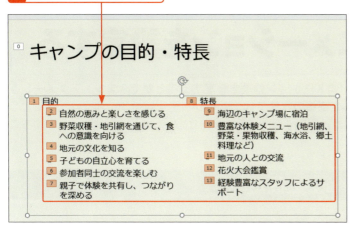

ヒント アニメーション効果の再生順序を変更するには？

アニメーションの順位を変更するには、目的のアニメーション効果の再生順序をクリックして選択し、＜アニメーション＞タブの＜順番を前にする＞または＜順番を後にする＞をクリックします。

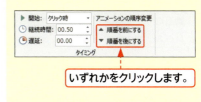

いずれかをクリックします。

ステップアップ　文字入りの図形でテキストだけにアニメーションを設定する

右図のように文字列の入力された図形（Sec.41 参照）にアニメーション効果を設定すると、図形と文字列が同時に再生されます。アニメーション効果を図形には設定せず、文字にだけ設定する場合は、P.214 手順の画面を表示し、＜テキストアニメーション＞の＜添付されている図を動かす＞をオフにします。

また、図形と文字列のアニメーションを別々に再生させる場合は、＜アニメーション＞タブの＜効果のオプション＞をクリックし、＜段落別＞をクリックします。

オフにします。

Section 85 SmartArtにアニメーションを設定する

覚えておきたいキーワード
- ☑ 開始効果
- ☑ 効果のオプション
- ☑ レベル

SmartArtにもアニメーション効果を設定することができます。アニメーション効果を設定した直後の状態では、SmartArt全体が1つのオブジェクトとして再生されますが、図形を個別に再生したり、レベル別に再生させたりすることも可能です。

1 SmartArtにアニメーションを設定する

ステップアップ　複数のアニメーション効果を設定する

1つのオブジェクトには、たとえば開始と強調のように、複数のアニメーション効果を設定することもできます。その場合は、＜アニメーション＞タブの＜アニメーションの追加＞をクリックして、目的のアニメーション効果をクリックします。

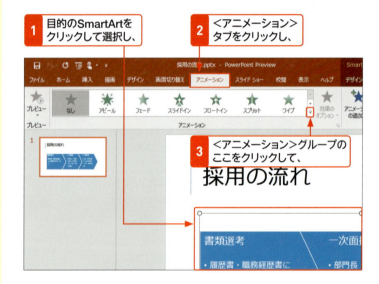

1 目的のSmartArtをクリックして選択し、
2 ＜アニメーション＞タブをクリックし、
3 ＜アニメーション＞グループのここをクリックして、

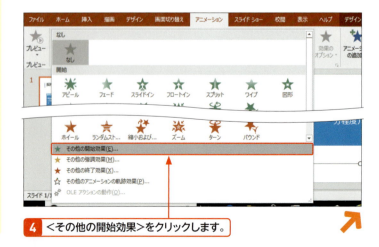

4 ＜その他の開始効果＞をクリックします。

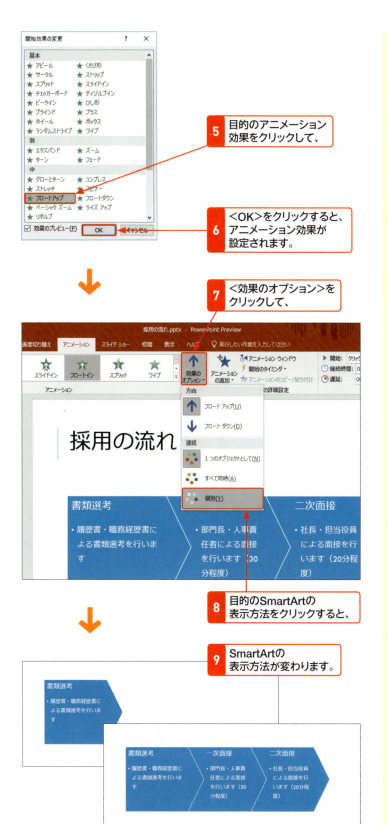

メモ SmartArtの表示方法

手順❽では、SmartArtの表示方法を選択します。表示方法は、おもに次の5種類が用意されていますが、SmartArtのレイアウトの種類によって表示される項目が異なります。

① ＜1つのオブジェクトとして＞
SmartArt全体がレイアウトを保ったまま一度に再生されます。

② ＜すべて同時＞
SmartArtのすべての図形が同時に再生されます。

③ ＜個別＞
各図形が順番に再生されます。

④ ＜レベル（一括）＞
第1レベルの図形が同時に再生されたあと、第2レベルの図形が同時に再生されます。

⑤ ＜レベル（個別）＞
第1レベルの図形が順番に再生されたあと、第2レベルの図形が順番に再生されます。

Section 86 グラフにアニメーションを設定する

覚えておきたいキーワード
- ☑ グループグラフ
- ☑ 項目別
- ☑ 系列別

グラフにもアニメーション効果を設定することができます。アニメーション効果はグラフ全体だけでなく、グラフの各要素別に設定できるので、たとえば売上の伸びを段階的に表示するようなことができます。「ワイプ」を設定すると、棒グラフが根元から伸びるような動きになります。

1 グラフ全体にアニメーション効果を設定する

メモ Excelのグラフへのアニメーション効果

Excelで作成したグラフを貼り付けた場合（Sec.65参照）も、右の手順でアニメーション効果を設定できます。

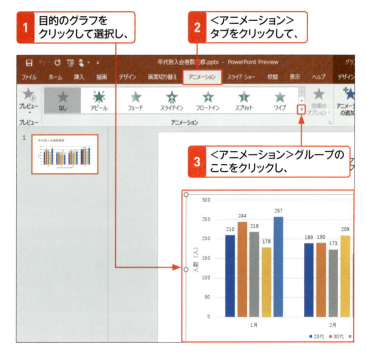

第7章 アニメーションの設定

5 グラフにアニメーション効果が設定されます。

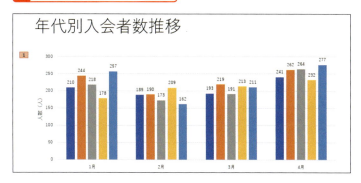

2 グラフの項目表示にアニメーションを設定する

1 <アニメーション>タブをクリックし、
2 アニメーション効果の再生順序をクリックして選択し、
3 <アニメーション>グループのここをクリックします。
4 <グラフアニメーション>をクリックして、
5 <グループグラフ>のここをクリックし、
6 <項目別>をクリックして、

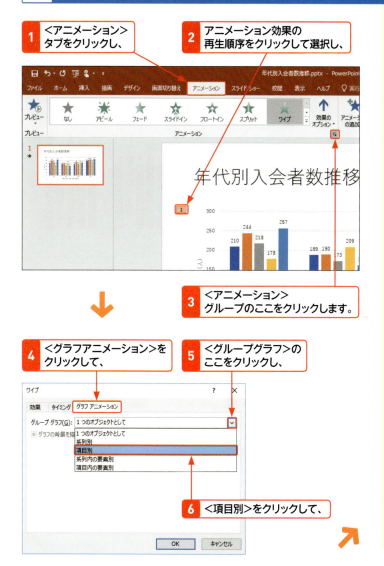

メモ グラフの表示方法

グラフの表示方法は、アニメーション効果の名前のダイアログボックスの<グラフアニメーション>タブの<グループグラフ>で設定できます。グラフの種類によっては、設定できないものもあります。

メモ グラフの背景の設定

P.219の手順⑥で＜1つのオブジェクトとして＞以外を選択すると、＜グラフの背景を描画してアニメーションを開始＞の設定が可能になります。オフにすると、グラフの軸や凡例などにはアニメーション効果が設定されず、表示されている状態からアニメーションの再生が開始します。

⑦ ＜グラフの背景を描画してアニメーションを開始＞をオフにし、

⑧ ＜OK＞をクリックすると、

⑨ グラフの表示方法が変更されます。

⑩ ＜アニメーション＞タブをクリックして、

⑪ ＜プレビュー＞をクリックすると、

12 アニメーションが再生されます。

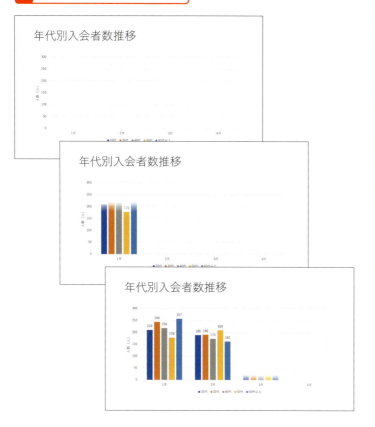

> **ヒント** アニメーション効果を変更するには？
>
> 設定したアニメーション効果を変更するには、目的のアニメーション効果を選択し、アニメーション効果を設定する場合と同様の方法で、アニメーション効果を選択します。

メモ ＜効果のオプション＞の利用

グラフのアニメーションの表示方法は、＜アニメーション＞タブの＜効果のオプション＞をクリックすると表示される一覧の＜連続＞グループから設定することもできます。

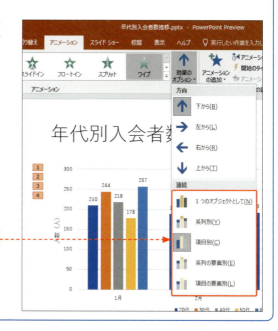

表示方法を設定できます。

Section 87 指定した動きでアニメーションさせる

覚えておきたいキーワード
- ☑ アニメーションの軌跡
- ☑ ユーザー設定パス
- ☑ 頂点の編集

「アニメーションの軌跡」を設定すると、オブジェクトを軌跡に沿って動かすことができます。軌跡はあらかじめ用意されているものから選択できるほか、自由に直線や曲線で描くこともできます。また、図形と同じように、軌跡の位置や大きさを変更することもできます。

1 アニメーションの軌跡を設定する

キーワード 軌跡

「軌跡」とは、オブジェクトが通る道筋のことで、オブジェクトにアニメーションの軌跡を設定すると、軌道に沿って動かすことができます。

1 オブジェクトを選択して、

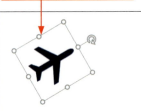

2 <アニメーション>タブをクリックし、

3 <アニメーション>グループのここをクリックして、

メモ あらかじめ用意されている軌跡の設定

あらかじめ用意されているアニメーションの軌跡は、全63種類です。直線上や対角線上を移動する単純なものや、スライド上を跳ね回ったり、ジグザグに移動したりといった複雑な動きを設定できるものなどがあります。

4 <その他のアニメーションの軌跡効果>をクリックします。

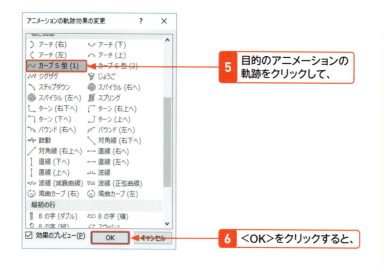

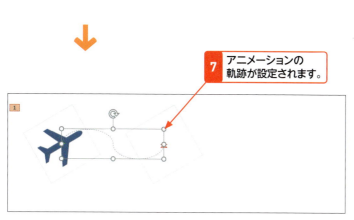

Section 87 指定した動きでアニメーションさせる

メモ アニメーション効果の確認

＜アニメーションの軌跡効果の変更＞ダイアログボックスの＜効果のプレビュー＞をオンにすると、項目を選択するごとにアニメーション効果のプレビューがスライドに表示されます。動きを確認してから設定することが可能です。

メモ 軌跡の始点と終点

アニメーションの軌跡を設定すると、始点に緑色の三角形が、終点に赤色の三角形が表示されます。

ヒント 逆方向に動かすには？

アニメーションの軌跡の方向を逆にするには、アニメーション効果を選択し、＜アニメーション＞タブの＜効果のオプション＞をクリックして、＜逆方向の軌跡＞をクリックします。

ヒント アニメーションの軌跡を拡大／縮小するには？

アニメーションの軌跡のサイズを変更するには、アニメーションの軌跡を選択すると周囲に表示される白丸のハンドルをドラッグします。また、軌跡にマウスポインターを合わせてドラッグすると、軌跡を移動させることができます。

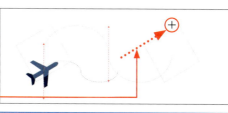

第7章 アニメーションの設定

2 アニメーションの軌跡を描く

 メモ アニメーションの軌跡の描画

アニメーションの軌跡を描くには、右の手順に従ってドラッグし、終点をダブルクリックします。また、スライド上をクリックしていくと、その間を直線で結ぶことができます。

1 オブジェクトを選択して、

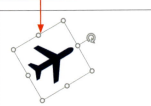

2 <アニメーション>タブをクリックし、

3 <アニメーション>グループのここをクリックして、

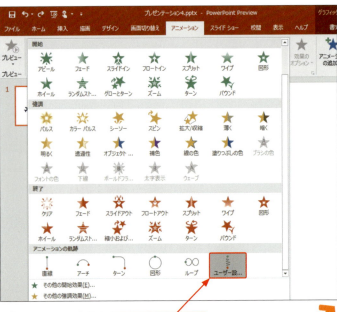

4 <ユーザー設定パス>をクリックします。

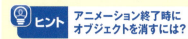

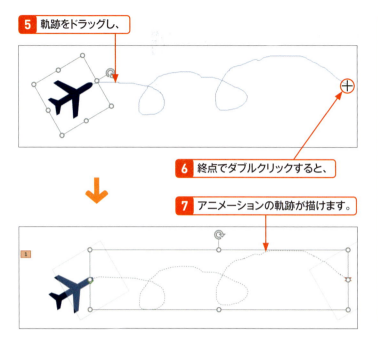

5 軌跡をドラッグし、

6 終点でダブルクリックすると、

7 アニメーションの軌跡が描けます。

> **ヒント　アニメーション終了時にオブジェクトを消すには?**
>
> アニメーションが終了したらオブジェクトがスライド上から消えるように表現したい場合は、軌跡の終点をスライドの外に設定します。
> なお、終了時にオブジェクトが非表示になるアニメーション効果（「スライドアウト」や「ブラインド」など）を設定しても、同じような表現になります。

ステップアップ　アニメーションの軌跡の編集

アニメーションの軌跡を編集するには、アニメーションの軌跡を右クリックして、＜頂点の編集＞をクリックします。頂点に■が表示されるので、■をドラッグすると頂点が移動します。また、曲線の場合には、■をクリックするとハンドルが表示されるので、□をドラッグしてカーブを調整します。
頂点の編集が終了したら、軌跡以外の部分をクリックします。

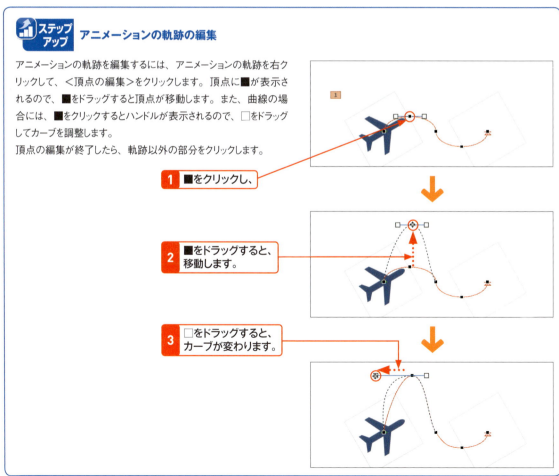

1 ■をクリックし、

2 ■をドラッグすると、移動します。

3 □をドラッグすると、カーブが変わります。

Section 88 アニメーション効果をコピーする

覚えておきたいキーワード
- ☑ アニメーションのコピー
- ☑ 貼り付け
- ☑ オブジェクト

複数のオブジェクトに同じアニメーション効果を設定したい場合、1つ1つに何度も設定を繰り返すのは手間がかかります。＜アニメーションのコピー／貼り付け＞を利用すると、アニメーション効果を他のオブジェクトにコピーすることができます。

1 アニメーション効果をコピーする

ヒント コマンドが利用できない？

手順❸で＜アニメーション＞タブの＜アニメーションのコピー／貼り付け＞がグレーアウトして利用できない場合は、コピーするアニメーション効果の再生順序をクリックして選択していることが原因です。オブジェクトをクリックして選択すると、＜アニメーションのコピー／貼り付け＞を利用できるようになります。

1 アニメーションをコピーするオブジェクトをクリックし、

2 ＜アニメーション＞タブをクリックして、

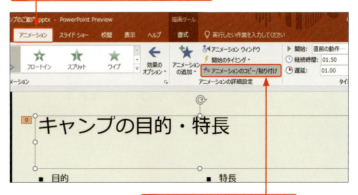

3 ＜アニメーションのコピー／貼り付け＞をクリックします。

4 貼り付け先のスライドをクリックして、

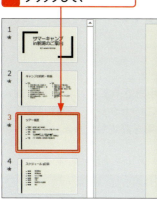

ステップアップ 複数のオブジェクトに貼り付ける

コピーしたアニメーション効果を複数のオブジェクトに貼り付けたい場合は、P.226 手順❸で＜アニメーション＞タブの＜アニメーションのコピー / 貼り付け＞をダブルクリックします。マウスポインターの形が になるので、貼り付け先のオブジェクトをすべてクリックしてから、Esc を押すと、マウスポインターの形が元に戻ります。

5 アニメーション効果を貼り付けたいオブジェクトをクリックすると、

6 アニメーション効果が貼り付けられます。

Section 89 アニメーション効果を活用する

覚えておきたいキーワード
- ワイプ
- ズーム
- フェード

PowerPointには数多くのアニメーション効果が用意されており、どれを選んでよいのか迷ってしまうことも多いと思います。このセクションでは、具体的にどのようなときにどのようなアニメーション効果を設定したらよいのか、いくつか例を紹介します。

1 テキストを1文字ずつ徐々に表示させる

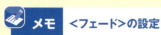

メモ ＜フェード＞の設定

文字が徐々に表示されるアニメーション効果は、開始の＜フェード＞を設定します。キーワードを表示するような場面で利用するときは、1文字ずつ（P.212参照）、ゆっくり表示されるようにすると（P.211参照）、期待感が高まります。

開始：フェード

2 文字が拡大表示されたあとに小さくなって消えるようにする

メモ ＜ズーム＞と＜ズーム＞の設定

文字が拡大されて表示されたあと、縮小して消えるようなアニメーション効果は、開始の＜ズーム＞を設定したあと、＜アニメーションの追加＞で終了の＜ズーム＞を設定します。ゆっくり表示されるようにすると（P.211参照）、期待感が高まります。キーワードを次々表示するような場面での使用をおすすめします。

開始：ズーム（オブジェクトの中央）
＋終了：ズーム（オブジェクトの中央）

3 行頭から順に文字の色を変える

強調：ブラシの色

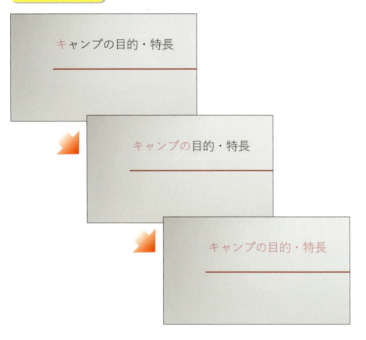

メモ ＜ブラシの色＞の設定

テキストの文字の色を変えるには、強調のアニメーション効果＜ブラシの色＞を設定します。変更後の文字の色は、＜効果のオプション＞で設定します。テキストを強調したいときに使用するのがおすすめです。

4 オブジェクトを半透明にする

強調：透過性（個別）

メモ ＜透過性＞の設定

オブジェクトを半透明にするには、強調のアニメーション効果＜透過性＞を設定します。＜効果のオプション＞で＜個別＞を設定します。スライドショー実行時に、説明の終わった項目を半透明にすれば、これから説明する項目に視線を集中させることができます。
＜透過性＞ダイアログボックスの＜タイミング＞の＜継続時間＞で＜スライドの最後まで＞を設定すると、次のスライドに切り替わるまで、半透明のままにしておくことができます。

5 矢印が伸びるように表示させる

 **＜ピークイン＞の設定**

矢印が根元から伸びるように表示させるには、開始のアニメーション効果＜ピークイン＞を設定します。矢印の向きに合わせ、＜効果のオプション＞で方向を設定します。

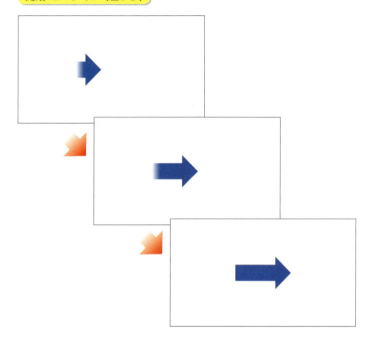

開始：ピークイン（左から）

6 折れ線グラフの線を徐々に表示させる

＜ワイプ＞の設定

折れ線グラフの線を左側から徐々に表示させるには、開始のアニメーション効果＜ワイプ＞を設定します。＜効果のオプション＞で＜左から＞を設定します。
グラフの背景にアニメーションを設定しない場合は、＜ワイプ＞ダイアログボックスを利用します（P.219参照）。
また、＜効果のオプション＞で＜系列別＞を設定すると折れ線グラフの線が最後まで表示され、＜項目別＞を設定すると1項目ずつ表示されます。

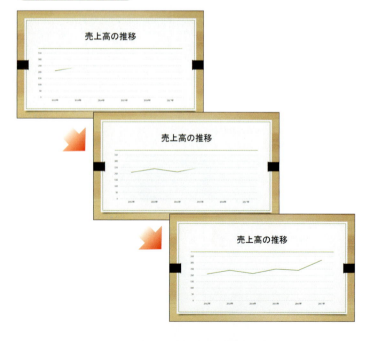

開始：ワイプ（左から）

Chapter 08

第8章 プレゼンテーションの実行

Section		
	90	プレゼンテーション実行の流れ
	91	発表者用のメモをノートに入力する
	92	スライドショーにナレーションを付ける
	93	スライド切り替えのタイミングを設定する
	94	発表者ツールを使ってスライドショーを実行する
	95	スライドショーを進行する
	96	実行中のスライドにペンで書き込む
	97	スライドショー実行時の応用テクニック
	98	スライドショー実行時のトラブルシューティング
	99	オンラインでプレゼンテーションを行う
	100	OneDriveに保存してプレゼンテーションを共有する

Section 90 プレゼンテーション実行の流れ

覚えておきたいキーワード
- ノート
- スライドショー
- 発表者ツール

どのようなプレゼンテーションを行うかによって、ナレーションの録音やスライドの切り替えのタイミングの設定などの準備が必要になります。本章の前半ではプレゼンテーションを行うための準備について、後半では実際にスライドショーを行う方法について解説します。

1 プレゼンテーションの準備を行う

ナレーションは録音しておくのか、スライドの切り替えは自動で行うのかなど、プレゼンテーションの本番をイメージして、必要な準備を行います。

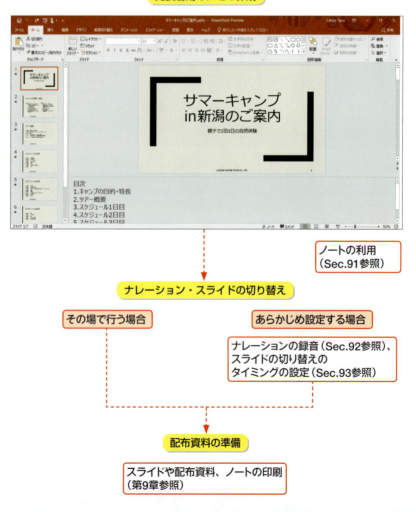

発表者用のメモの作成

ノートの利用（Sec.91参照）

ナレーション・スライドの切り替え

その場で行う場合

あらかじめ設定する場合
ナレーションの録音（Sec.92参照）、スライドの切り替えのタイミングの設定（Sec.93参照）

配布資料の準備
スライドや配布資料、ノートの印刷（第9章参照）

2 スライドショーを実行する

スライドショーを実行すると、スライドが紙芝居のように1枚ずつ表示されます。
プロジェクターを使用してプレゼンテーションを行う場合は、発表者ツールを利用すると、パソコンでスライドやノートを確認することができます。

発表者ツールの利用
（Sec.94参照）

スライドショーの実行
（Sec.95参照）

スライドへの書き込み
（Sec.96参照）

Section 91 発表者用のメモをノートに入力する

覚えておきたいキーワード
- ☑ ノート
- ☑ ノートウィンドウ
- ☑ ノート表示モード

スライドショーの実行中に使用する発表者用のメモや参考資料などは、「ノート」としてノートウィンドウに入力します。ノートは、スライドショーの実行中に発表者にだけ表示したり（Sec.94 参照）、スライドとセットで印刷したり（Sec.102 参照）することができます。

1 ノートウィンドウにノートを入力する

メモ ノートウィンドウを表示する

ノートウィンドウを表示するには、右の手順に従うか、下図のようにステータスバーの境界線にマウスポインターを合わせて上にドラッグします。

また、＜表示＞タブの＜表示＞グループの＜ノート＞をクリックしても、ノートウィンドウを表示させることができます。

上にドラッグします。

1 ウィンドウ右下の＜ノート＞をクリックすると、

2 ノートウィンドウが表示されます。

3 境界線にマウスポインターを合わせ、

4 ドラッグすると、ノートウィンドウの領域が広がります。

5 ノートウィンドウをクリックすると、文字を入力できる状態になるので、

6 文字列を入力します。

2 ノート表示モードに切り替える

1 ＜表示＞タブをクリックして、

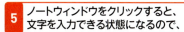

2 ＜プレゼンテーションの表示＞グループの＜ノート＞をクリックすると、

3 ノート表示モードに切り替わります。

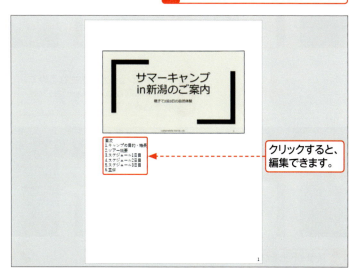

クリックすると、編集できます。

Section 91 発表者用のメモをノートに入力する

第8章 プレゼンテーションの実行

メモ　ノートの入力

ノートは、ノートウィンドウに入力します。また、次の「②ノート表示モードに切り替える」のように、画面をノート表示モードに切り替えて、ノートを入力することもできます。

メモ　ノート表示モードの利用

画面をノート表示モードに切り替えると、ノートを印刷した場合（Sec.102参照）のイメージを確認できます。
また、ノート表示モードでノートの部分をクリックすると、ノートの入力や編集を行うことができます。元の画面に戻るには、＜表示＞タブの＜標準＞をクリックするか、ウィンドウ右下の＜標準＞ をクリックします。

ステップアップ　ノートのレイアウトを変更するには？

ノートのレイアウトは、＜表示＞タブの＜ノートマスター＞をクリックすると表示されるノートマスターで変更することができます。
ノートマスターでは、スライドマスター（Sec.107参照）と同様に、書式を変更したり、プレースホルダーの位置やサイズを変更したりすることができます。

Section 92 スライドショーにナレーションを付ける

覚えておきたいキーワード
- スライドショーの記録
- ナレーションの録音
- タイミング

プレゼンテーションには、音声のナレーションを付けることができます。ナレーションに合わせて、アニメーションの実行のタイミングやスライドの切り替えのタイミングも保存できるので、展示会などで自動的に実行されるスライドショーに利用するとよいでしょう。

1 ナレーションを録音する

キーワード　ナレーション

「ナレーション」は、スライドショーを実行するときにスライドを切り替えるタイミングに合わせて再生されるように設定して、録音することができます。
ナレーションを録音するには、パソコンにマイクを接続する必要があります。

ヒント　途中のスライドから録音を開始するには？

途中のスライドから録音を開始する場合は、目的のスライドを表示してから右の手順に従い、手順 3 で＜現在のスライドから記録＞をクリックします。

メモ　ナレーションの録音

ナレーションの録音時は、スライドショーを実行しながら記録できるため、ナレーションに合わせて自動的にスライドが切り替わるように設定できます。
ただし、この場合には、設定した切り替え時間がナレーションより短いと、ナレーションが途中で切れてしまうので注意が必要です。

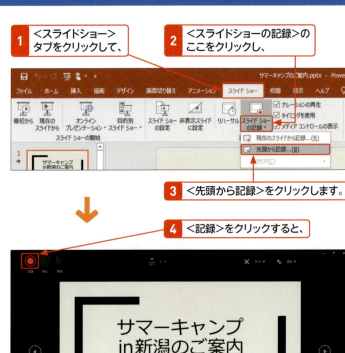

1 ＜スライドショー＞タブをクリックして、
2 ＜スライドショーの記録＞のここをクリックし、
3 ＜先頭から記録＞をクリックします。
4 ＜記録＞をクリックすると、
5 スライドショーが開始されるので、マイクに向かってナレーションを吹き込みます。
6 スライド上をクリックすると、

7 アニメーションが開始されたり、スライドが切り替わったりするので、同様にナレーションを吹き込みます。

 **メモ** スライドショーの進行

スライドショー実行中にスライドをクリックすると、アニメーションが開始したり、次のスライドに切り替わったりします。

8 すべてのスライドが表示し終わると、この画面が表示されるので、画面をクリックすると、

 ヒント ナレーションの録音を中止するには？

ナレーションの録音を中止するには、[Esc]を押します。
また、画面左上の＜一時停止＞をクリックすると、ナレーションの録音を一時停止することができます。

9 ナレーションとスライドの切り替えのタイミングが保存されます。

アイコンが表示されます。

 ヒント ナレーションの録音を削除するには？

録音したナレーションを削除するには、＜スライドショー＞タブの＜スライドショーの記録＞のテキスト部分をクリックして、＜クリア＞をポイントし、＜現在のスライドのナレーションをクリア＞または＜すべてのスライドのナレーションをクリア＞をクリックします。
また、＜現在のスライドのタイミングをクリア＞または＜すべてのスライドのタイミングをクリア＞をクリックすると、スライドの切り替えのタイミングが削除されます。

Section 93 スライド切り替えのタイミングを設定する

覚えておきたいキーワード
- ☑ リハーサル
- ☑ スライド切り替えのタイミング
- ☑ ＜記録中＞ツールバー

スライドショーを実行する際に、自動的にアニメーションを再生したり、スライドを切り替えたい場合は、リハーサル機能を利用してそれらのタイミングを設定します。切り替えのタイミングは、スライドショーを実行しながら設定したり、時間を入力して設定したりすることができます。

1 リハーサルを行って切り替えのタイミングを設定する

メモ リハーサル機能の利用

リハーサル機能を利用すると、実際にスライドの画面を見ながら、スライドごとにアニメーションを再生するタイミングやスライドを切り替えるタイミングを設定することができます。

1 ＜スライドショー＞タブをクリックして、

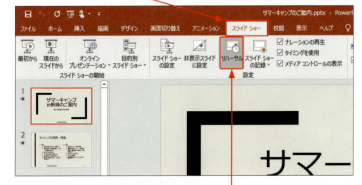

メモ タイミングの設定

リハーサルを行う際には、本番と同じように説明を加えながら、右の手順に従うか、＜記録中＞ツールバーの＜次へ＞ をクリックして、アニメーションを再生したり、スライドを切り替えたりします。
最後のスライドが表示し終わったあとに、切り替えのタイミングを記録すると、それが各スライドの表示時間として設定されます。

2 ＜リハーサル＞をクリックすると、

3 スライドショーのリハーサルが開始されます。

左の「メモ」参照。

ヒント スライドの表示時間を入力して指定するには？

スライドの表示時間を入力して、スライドを切り替えるタイミングを設定することもできます（P.206 参照）。

4 必要な時間が経過したら、スライドをクリックすると、

5 アニメーションが開始されたり、スライドが切り替わったりします。

6 同様にスライドをクリックして、最後のスライドの表示が終わるまで、同じ操作を繰り返します。

7 最後のスライドのタイミングを設定すると、この画面が表示されるので、

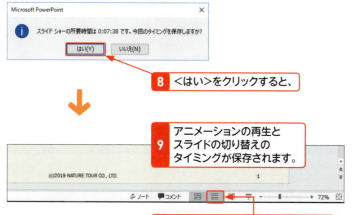

8 <はい>をクリックすると、

9 アニメーションの再生とスライドの切り替えのタイミングが保存されます。

10 <スライド一覧>をクリックすると、

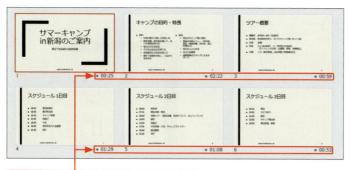

11 スライドの表示時間を確認できます。

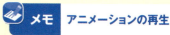 **メモ** アニメーションの再生

オブジェクトにアニメーション効果が設定されている場合は、スライドをクリックするたびに、アニメーションが再生されます。表示されているスライド上に設定されているアニメーションがすべて再生されてから、さらにクリックすると、次のスライドに切り替わります。

ヒント リハーサルを一時停止するには？

<記録中>ツールバーの<記録の一時停止> をクリックすると、下図のメッセージが表示され、経過時間のカウントが一時停止します。<記録の再開>をクリックすると、カウントが再開します。

クリックすると、カウントが再開します。

ヒント スライド表示時間をリセットするには？

<記録中>ツールバーの<繰り返し> をクリックすると、<スライド表示時間>が「0:00:00」に戻り、上図のメッセージが表示されます。<記録の再開>をクリックすると、スライドの切り替えのタイミングを設定し直すことができます。

ヒント リハーサルを中止するには？

リハーサルを中止するには、Escを押します。手順7の画面が表示されるので、<いいえ>をクリックします。

Section 94 発表者ツールを使ってスライドショーを実行する

覚えておきたいキーワード
☑ 発表者ツール
☑ スライドショー
☑ プロジェクター

作成したスライドを1枚ずつ表示していくことを「スライドショー」といいます。パソコンを利用してプレゼンテーションを行う場合、一般的にはプロジェクターを接続します。また、発表者ツールを利用すれば、発表者はスライドやノートなどをパソコンで確認しながらプレゼンテーションを行えます。

1 発表者ツールを実行する

🔍キーワード　発表者ツール

「発表者ツール」とは、スライドショーを実行するときに、パソコンに発表者用の画面を表示させる機能のことです。スライドやノート（Sec.91参照）、スライドショーを進行させるための各ボタンが表示されます。
発表者ツールを利用せずにスライドショーを実行する場合は、＜スライドショー＞タブの＜発表者ツールを使用する＞をオフにします。

1 パソコンとプロジェクターを接続し、
2 ＜スライドショー＞タブをクリックして、

3 ＜発表者ツールを使用する＞をオンにします。

2 スライドショーを実行する

💡ヒント　スライドショーの設定を行うには？

あらかじめ設定しておいたナレーション（Sec.92参照）や、スライドの切り替えのタイミング（Sec.93参照）を使用してスライドショーを実行する場合は、＜スライドショー＞タブの＜ナレーションの再生＞や＜タイミングを使用＞をオンにします。

1 ＜スライドショー＞タブをクリックして、

2 ＜最初から＞をクリックすると、

3 スライドショーが実行されます。

プロジェクターから
スライドショーが投影されます。

パソコンには発表者ツールが
表示されます。

ヒント スライドショーを進行するには？

スライドショーを進行する方法については、Sec.95を参照してください。

ヒント プロジェクターに発表者ツールが表示される

プロジェクターに発表者ツール、パソコンにスライドショーが表示される場合は、発表者ツールの画面上の＜表示設定＞をクリックして＜発表者ツールとスライドショーの切り替え＞をクリックするか、スライドショー画面で下図の手順に従います。

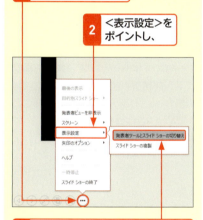

1 ここをクリックして、
2 ＜表示設定＞をポイントし、
3 ＜発表者ツールとスライドショーの切り替え＞をクリックします。

メモ スライドショーの実行

スライドショーを開始する方法は、P.240の手順以外に、F5を押すか、クイックアクセスツールバーの＜先頭から開始＞をクリックする方法もあります。この場合、常に最初のスライドからスライドショーが開始されます。
また、＜スライドショー＞タブの＜現在のスライドから＞またはウィンドウ右下の＜スライドショー＞をクリックすると、現在表示されているスライドからスライドショーが開始されます。

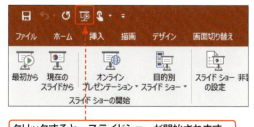

クリックすると、スライドショーが開始されます。

Section 95 スライドショーを進行する

覚えておきたいキーワード
- ☑ スライドショー
- ☑ 発表者ツール
- ☑ 一時停止

リハーサル機能（Sec.93参照）などで、アニメーションの再生やスライドの切り替えのタイミングを設定している場合は、スライドショーを実行すると、自動的にアニメーションが再生されたり、スライドが切り替わったりします。手動でスライドを切り替えるには、画面上をクリックします。

1 スライドショーを進行する

メモ スライドショーの進行

アニメーションの再生のタイミングやスライド切り替えのタイミングを設定していない場合は、スライドをクリックすると、アニメーションが再生されたり、スライドが切り替わったりするので、最後のスライドが終わるまで、スライドをクリックしていきます。
あらかじめアニメーションの再生のタイミングやスライド切り替えのタイミングを設定している場合は、指定した時間が経過したら、自動的にアニメーションが再生されたり、スライドが切り替わったりします。

1 発表者ツールを利用して、スライドショーを開始し、

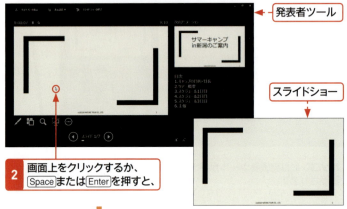

発表者ツール
スライドショー

2 画面上をクリックするか、Space または Enter を押すと、

3 アニメーションの再生が開始されます。

ヒント 前のスライドを表示するには？

前のスライドを表示するには、P を押すか、発表者ツールの ◁ をクリックします。

ヒント スライドショーを一時停止するには？

スライドショーを一時停止するには、発表者ツールの ❙❙ をクリックするか、S を押します。▶ をクリックするか再度 S を押すと、スライドショーが再開されます。

4 スライドショーが終わると、黒い画面が表示されるので、

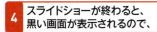

> **ヒント** スライドショーを中止するには？
>
> スライドショーを中止するには、発表者ツールの＜スライドショーの終了＞をクリックするか、Escを押します。

5 スライド上をクリックすると、編集画面に戻ります。

メモ 発表者ツールの利用

発表者ツールでは、ボタンをクリックしてアニメーションの再生やスライドの切り替え、スライドショーの中断、再開、中止などを行うことができます。また、スライドショーの途中で黒い画面を表示させたり、ペンでスライドに書き込んだりすることも可能です。

- スライドショー開始からの経過時間が表示されます。
- スライドショーを一時停止します。
- タイマーをリセットします。
- 現在の時刻が表示されます。
- 次のアニメーションまたはスライドを表示します。
- ペンを利用できます。
- スライドの一覧を表示します。
- スライドを拡大します。
- 黒い画面を表示します。
- スライドショーのメニューを表示します。
- 前のスライドを表示します。
- 現在のスライド番号とスライドの枚数が表示されます。
- 次のスライドを表示します。
- ノートのフォントサイズを拡大／縮小します。
- ノートが表示されます。

Section 95 スライドショーを進行する

第8章 プレゼンテーションの実行

Section 96 実行中のスライドにペンで書き込む

覚えておきたいキーワード
- ☑ ペン
- ☑ インクの色
- ☑ インク注釈

スライドショーの実行中にペンを利用すると、スライドに線を引いたり、文字を書き込んだりすることができます。ペンには、通常のペンと蛍光ペンがあり、また、インクの色を選択することができます。書き込んだ内容は、保存することも可能です。

1 実行中のスライドにペンで書き込む

 メモ　ペンの選択

ペンを使用する際には、ペンの種類を＜ペン＞または＜蛍光ペン＞から選択します。

1 発表者ツールを利用して、スライドショーを開始し（Sec.95参照）、

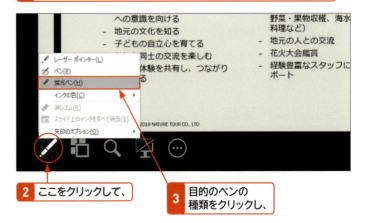

2 ここをクリックして、
3 目的のペンの種類をクリックし、

 メモ　インクの色の設定

初期設定では、ペンの色は赤、蛍光ペンの色は黄色に設定されています。手順 ④～⑥ の操作を行うと、インクの色を設定することができます。

4 ここをクリックして、

 ヒント　スライドショー表示の場合は？

スライドショー表示で、ペンを利用する場合は、画面左下の●をクリックして、＜ペン＞または＜蛍光ペン＞をクリックします。画面左下のボタンが表示されていない場合は、マウスポインターを動かすと表示されます。

5 ＜インクの色＞をポイントし、
6 目的の色をクリックして、

 ヒント　マウスポインターを矢印に戻すには？

マウスポインターを矢印に戻すには、[Esc]を押します。

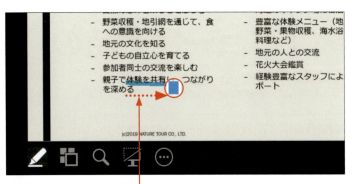

7 ドラッグすると、スライドに書き込むことができます。

8 スライドショーの最後の画面でクリックし、終了しようとすると、

9 このような画面が表示されるので、

10 ＜保持＞をクリックすると、

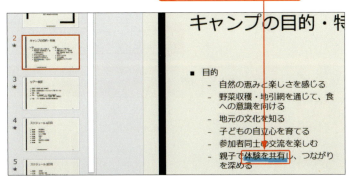

11 書き込みが保持されます。

ヒント　書き込みを削除するには？

書き込みを削除するには、発表者ツールの をクリックして、＜消しゴム＞をクリックし、書き込みをドラッグします。また、＜スライド上のインクをすべて消去＞をクリックすると、すべての書き込みを削除できます。

メモ　書き込みの保持

スライドにペンで書き込みを行うと、スライドショーを終了する際に書き込みを保持するか確認されます。手順⑩で＜保持＞をクリックすると、次回スライドショーを実行する際にも書き込みを表示することができます。
書き込みを破棄する場合は、＜破棄＞をクリックします。

ヒント　保持した書き込みの表示／非表示を切り替えるには？

スライドショー実行中に、保持した書き込みの表示／非表示を切り替えるには、発表者ツールの ● をクリックして、＜スクリーン＞をポイントし、＜インクの変更履歴の表示／非表示＞をクリックします。

Section 96　実行中のスライドにペンで書き込む

第8章　プレゼンテーションの実行

245

Section 97 スライドショー実行時の応用テクニック

覚えておきたいキーワード
- ☑ スライドショーの記録
- ☑ 自動プレゼンテーション
- ☑ 非表示スライド

スライドショーの実行中に、スライドショーを一時停止させ、黒または白の画面を表示することができます。また、スライドの一部を拡大表示したり、任意のスライドに移動したりすることもできます。このセクションでは、スライドショー実行時に便利な機能を紹介します。

1 発表中の音声を録音する

メモ　発表中の音声を録音する

発表中の音声を録音したい場合は、事前にナレーションを録音するときと同じ方法で録音できます。手順5以降の操作方法については、P.236を参照してください。

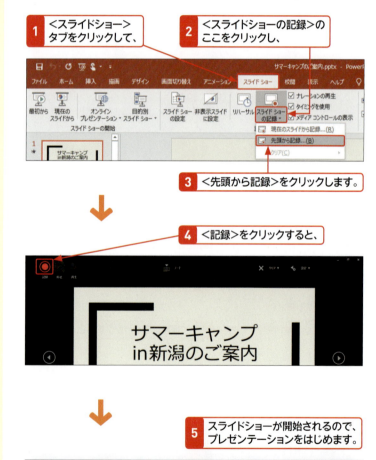

 ヒント　発表者ツールは利用できない

ナレーションの録音を行うときは、発表者ツールは利用できません。
プロジェクターを接続している場合は、プロジェクターのスクリーンに通常のスライドショーの画面が表示されます。

2 スライドショーの途中で黒または白の画面を表示する

1 発表者ツールを利用して、スライドショーを開始し（Sec.94参照）、

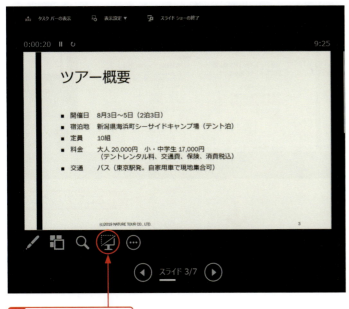

2 ここをクリックすると、

> **ヒント　スライドショー表示の場合は？**
>
> スライドショー表示で、黒い画面を表示するには、Bを押します。再度Bを押すと、スライドショーが再開されます。

3 スライドショーが一時停止し、黒い画面が表示されます。

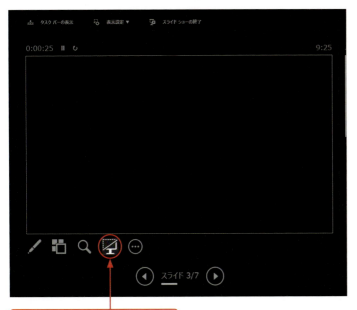

4 ここをクリックすると、スライドショーが再開されます。

> **ステップアップ　スライドショーの途中で白の画面を表示する**
>
> スライドショーの途中でWを押すと、スライドショーが一時停止して白い画面が表示され、再度Wを押すと、スライドショーが再開されます。

3 強調したい部分を拡大表示する

メモ スライドの拡大表示

スライドを拡大表示するには、発表者ツールの🔍をクリックします。マウスポインターの形が⊕に変わるので、スライド上の拡大したい部分をクリックすると、拡大表示されます。拡大表示すると、マウスポインターの形が✋に変わるので、ドラッグしてスライドを移動できます。右クリックすると、表示が元に戻ります。

1 発表者ツールを利用して、スライドショーを開始し（Sec.94参照）、

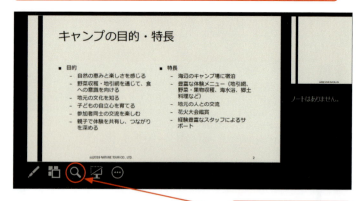

2 ここをクリックして、

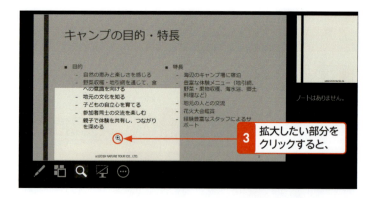

3 拡大したい部分をクリックすると、

4 スライドが拡大して表示されます。

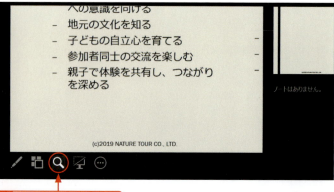

5 ここをクリックすると、元に戻ります。

ヒント スライドショー表示の場合は？

スライドショー表示でスライドを拡大表示する場合は、画面左下の●をクリックします。マウスポインターの形が⊕に変わるので、スライド上の拡大したい部分をクリックすると、拡大表示されます。
拡大表示すると、マウスポインターの形が✋に変わるので、ドラッグしてスライドを移動できます。
右クリックすると、表示が元に戻ります。

4 特定のスライドに表示を切り替える

1 発表者ツールを利用して、スライドショーを開始し（Sec.94参照）、

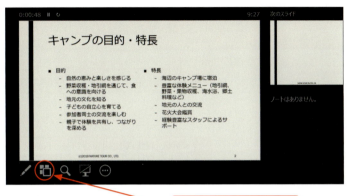

2 ここをクリックすると、

3 スライドの一覧が表示されます。

4 表示したいスライドをクリックすると、

5 目的のスライドが表示されます。

メモ　スライドの一覧を表示する

発表者ツールのをクリックすると、スライドの一覧が表示されます。表示したいスライドをクリックすると、そのスライドに切り替わります。

ヒント　スライドショー表示の場合は？

スライドショー表示で、目的のスライドを表示する場合は、画面左下の●をクリックします。スライドの一覧が表示されるので、表示したいスライドをクリックすると、そのスライドに切り替わります。

5 スライドショーを自動的に繰り返す

 メモ タイミングを設定しておく

スライドショーが自動的に繰り返し再生されるようにする場合は、アニメーションの再生やスライドの切り替えのタイミングをあらかじめ設定しておきます（Sec.93参照）。

1 ＜スライドショー＞タブをクリックして、

2 ＜スライドショーの設定＞をクリックし、

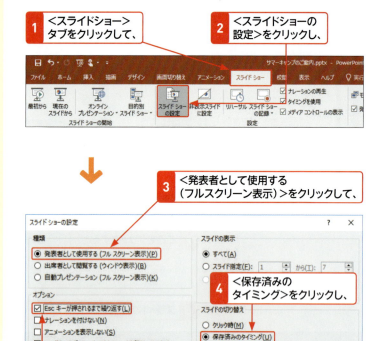

3 ＜発表者として使用する（フルスクリーン表示）＞をクリックして、

4 ＜保存済みのタイミング＞をクリックし、

5 ＜Escキーが押されるまで繰り返す＞をオンにして、

6 ＜OK＞をクリックします。

 ヒント スライドショーを停止するには？

繰り返し再生されているスライドショーを停止するには、Escを押します。

 メモ スライドショーのヘルプの表示

発表者ツールまたはスライドショー表示で●をクリックし、＜ヘルプ＞をクリックすると、＜スライドショーのヘルプ＞ダイアログボックスが表示されます。スライドショー実行時やリハーサル時などに利用できるショートカットキーを確認することができます。

6 必要なスライドだけを使ってスライドショーを実行する

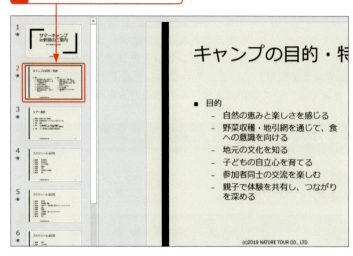

1 スライドショーで表示したくないスライドをクリックして選択し、

メモ 非表示スライドの利用

プレゼンテーションの特定のスライドを、一時的にスライドショーで表示したくない場合は、非表示スライドに設定します。スライドを削除しなくてもよいので、必要なときにはかんたんに元に戻すことができます。

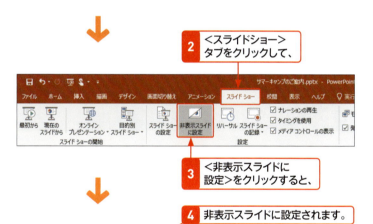

2 ＜スライドショー＞タブをクリックして、

3 ＜非表示スライドに設定＞をクリックすると、

4 非表示スライドに設定されます。

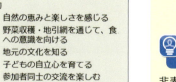

非表示スライドには、スライド番号に斜線が引かれます。

ヒント 非表示スライドを解除するには？

非表示スライドに設定したスライドを元に戻すには、サムネイルウィンドウで目的のスライドをクリックし、再度＜スライドショー＞タブの＜非表示スライドに設定＞をクリックします。

Section 98 スライドショー実行時のトラブルシューティング

覚えておきたいキーワード
- ☑ タスクマネージャー
- ☑ コントロールパネル
- ☑ 修復

プロジェクターにスライドショーが表示されない、アニメーション効果を設定したのにスライドショーで再生されない、プレゼンテーションファイルが開かないなど、PowerPointを利用しているとトラブルに見舞われることがあります。このセクションでは、いくつかのトラブルの解決方法を解説します。

1 スライドショーが表示されない場合は？

メモ　スライドショーを表示するモニターを選択する

プロジェクターからスライドショーが表示されない場合は、はじめにパソコンとプロジェクターが正しく接続されているかどうか確認します。次に、＜スライドショー＞タブの＜モニター＞から、スライドショーを表示させるモニターをクリックして選択します。

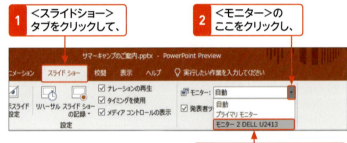

1 ＜スライドショー＞タブをクリックして、
2 ＜モニター＞のここをクリックし、
3 スライドショーを表示させるモニターをクリックします。

2 アニメーションが再生されない場合は？

メモ　アニメーションを表示しない設定を解除

オブジェクトにアニメーション効果を設定してあるにもかかわらず、スライドショーを実行するとアニメーションが再生されない場合は、アニメーションを表示しない設定になっていることが考えられます。
＜スライドショー＞タブの＜スライドショーの設定＞をクリックし、＜アニメーションを表示しない＞をオフにして、＜OK＞をクリックします。

P.250手順3の画面を表示します。

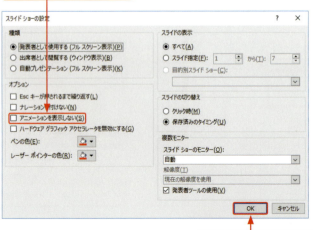

1 ＜アニメーションを表示しない＞をオフにして、
2 ＜OK＞をクリックします。

3 動画が再生されない場合は？

プレゼンテーションと動画ファイルを
同じフォルダーに保存しておきます。

メモ　ppt形式の場合は同じフォルダーに保存

旧バージョンのppt形式のプレゼンテーションファイルの場合、挿入した動画はリンク貼り付けになっています。動画ファイルを挿入したあとに、どちらかのファイルを移動すると、リンクが切れて再生できなくなります。プレゼンテーションファイルと動画ファイルは同じフォルダーに保存しておき、移動するときはフォルダーごと移動すると、リンク切れを防ぐことができます。

4 PowerPointが反応しなくなった場合は？

1 タスクバーを右クリックして、

2 ＜タスクマネージャー＞をクリックし、

メモ　タスクマネージャーを起動

PowerPointが反応しなくなり、タイトルバーに「（応答なし）」と表示された場合は、左の手順でタスクマネージャーを起動し、PowerPointを強制終了します。

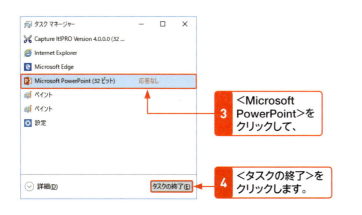

3 ＜Microsoft PowerPoint＞をクリックして、

4 ＜タスクの終了＞をクリックします。

5 PowerPointが起動しなくなった場合は？

メモ　プログラムの修復

PowerPointが起動しなくなった場合は、コントロールパネルを表示して、＜プログラムのアンインストール＞からOfficeプログラムを修復します。

1 ＜スタート＞をクリックして、

2 ＜Windowsシステムツール＞の＜コントロールパネル＞をクリックし、

3 ＜プログラムのアンインストール＞をクリックして、

4 ＜Microsoft Office Professional Plus 2019-ja-jp＞をクリックし、

メモ　Officeプログラムの名称

インストールしているOfficeプログラムの種類によっては、手順4で表示されるOfficeプログラムの名称が本書とは異なる場合があります。

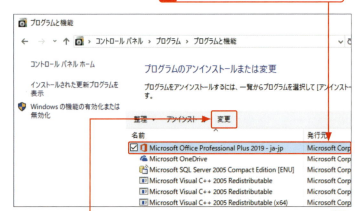

5 ＜変更＞をクリックします。

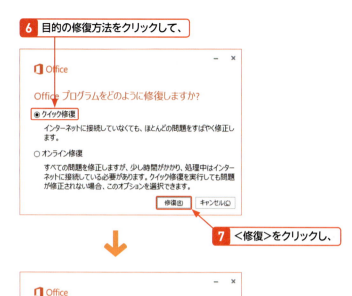

> **ヒント** 修復しても起動しない場合は？
>
> Officeを修復しても起動できない場合は、Officeの再インストールをおすすめします。

6 ファイルが破損していた場合は？

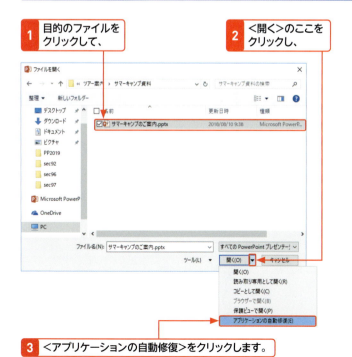

> **メモ** ＜アプリケーションの自動修復＞で開く
>
> 特定のプレゼンテーションファイルが破損して開けない場合は、＜ファイル＞タブの＜開く＞をクリックし、＜参照＞をクリックして＜ファイルを開く＞ダイアログボックスを表示し、左の手順に従います。

> **ステップアップ** ＜スライドの再利用＞の利用
>
> 新規プレゼンテーションを作成して、＜ホーム＞タブの＜新しいスライド＞の下部分をクリックし、＜スライドの再利用＞をクリックします。＜PowerPointファイルを開く＞をクリックして、破損したファイルを選択し、＜開く＞をクリックすると、新規プレゼンテーションに破損したファイルのスライドを読み込める場合があります。

Section 99 オンラインでプレゼンテーションを行う

覚えておきたいキーワード
- オンラインプレゼンテーション
- リンク
- リモート閲覧者

オンラインプレゼンテーションを利用すると、インターネットを経由して、離れたユーザーにもスライドショーをリアルタイムで閲覧してもらうことができます。閲覧にはWebブラウザを利用するので、PowerPointがインストールされていないパソコンでも可能です。

1 オンラインプレゼンテーションをアップロードする

メモ オンラインプレゼンテーションの利用

オンラインプレゼンテーションを利用して、プレゼンテーションをリアルタイムで配信するには、Microsoftアカウントを取得しておく必要があります。

<スライドショー>タブをクリックして、

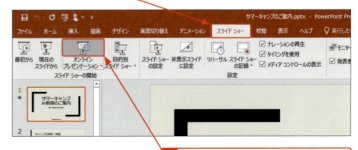

2 <オンラインプレゼンテーション>のここをクリックし、

メモ <ファイル>タブの利用

<ファイル>タブの<共有>をクリックして、<オンラインプレゼンテーション>をクリックし、<オンラインプレゼンテーション>をクリックしても、オンラインプレゼンテーションを利用することができます。

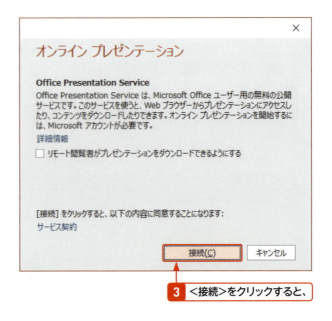

ステップアップ 閲覧者がダウンロードできるようにする

オンラインプレゼンテーションの閲覧者がプレゼンテーションをダウンロードできるようにするには、手順3の画面で<リモート閲覧者がプレゼンテーションをダウンロードできるようにする>をオンにします。

3 <接続>をクリックすると、

4 ファイルがアップロードされて、URLが表示されるので、

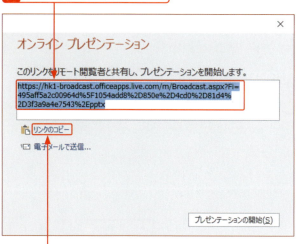

5 <リンクのコピー>をクリックし、閲覧者にメールなどでURLを通知します。

メモ 閲覧者への通知

ファイルのアップロードが完了したら、閲覧者にメールやメッセンジャーなどで手順**4**のURLを通知します。
手順**5**で<電子メールで送信>をクリックすると、Outlookの新規メッセージが作成され、メッセージの本文にURLが自動的に記載されます。
URLを通知された閲覧者は、Webブラウザでリンク先を表示します。

メモ メディアの最適化

サウンドやビデオを含むプレゼンテーションの場合、P.256 手順**3**のあとに右図が表示されることがあります。これは挿入されているメディアファイルがサポートされていないか、ファイルサイズが大きいことが原因です。右の手順に従って、互換性の最適化とメディアの圧縮を行うと、解決できる場合があります。

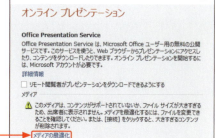

1 <メディアの最適化>をクリックし、

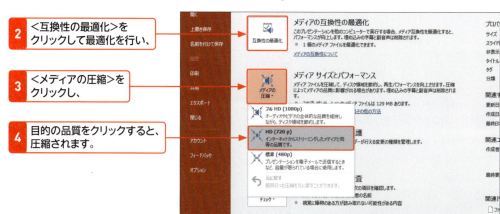

2 <互換性の最適化>をクリックして最適化を行い、

3 <メディアの圧縮>をクリックし、

4 目的の品質をクリックすると、圧縮されます。

2 オンラインプレゼンテーションを実行する

ヒント 画面を閉じてしまった?

閲覧者にURLを通知するまでに、誤って手順❶の画面を閉じてしまった場合は、＜オンラインプレゼンテーション＞タブの＜招待の送信＞をクリックすると、再度手順❶の画面が表示されます。

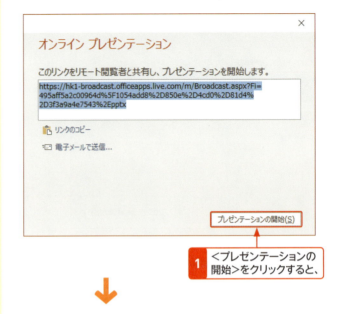

1 ＜プレゼンテーションの開始＞をクリックすると、

2 オンラインプレゼンテーションが開始されます。

発表者の画面

閲覧者の画面

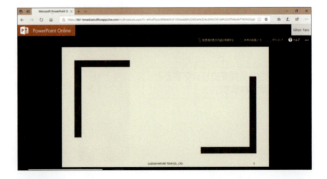

メモ オンラインプレゼンテーションの実行

発表者と閲覧者の準備が整ったら、右の手順でオンラインプレゼンテーションを開始します。スライドショーの実行中は、通常のスライドショーと同様に、発表者ツール（Sec.94参照）を利用することもできます。

| Section 99 オンラインでプレゼンテーションを行う

第8章 プレゼンテーションの実行

3 スライドショーが完了すると、編集画面が表示されるので、

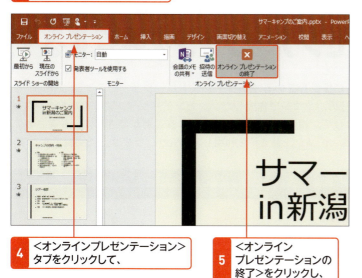

4 <オンラインプレゼンテーション>タブをクリックして、

5 <オンラインプレゼンテーションの終了>をクリックし、

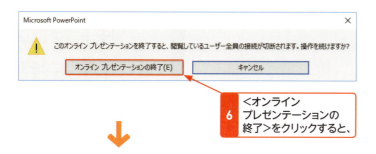

6 <オンラインプレゼンテーションの終了>をクリックすると、

閲覧者の画面

7 オンラインプレゼンテーションが終了します。

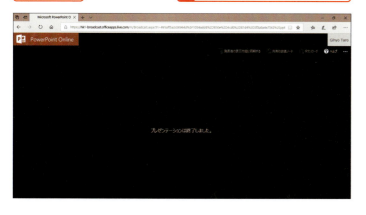

ステップアップ スライドショー実行中に編集する

オンラインプレゼンテーションでスライドショーを実行しているときに、スライドを編集すると、PowerPointの編集画面に下図のメッセージが表示されます。<再開>をクリックすると、編集内容を更新してスライドショーを再開できます。

<再開>をクリックすると、スライドショーが再開されます。

ヒント 再度スライドショーを実行するには？

オンラインプレゼンテーションで再度スライドショーを実行するには、<オンラインプレゼンテーション>タブの<最初から>をクリックします。
また、<現在のスライドから>をクリックすると、表示しているスライドからスライドショーが開始されます。

メモ オンラインプレゼンテーションの終了

手順6で<オンラインプレゼンテーションの終了>をクリックすると、オンラインプレゼンテーションが終了し、閲覧者との接続が切断されます。

Section 100 OneDriveに保存してプレゼンテーションを共有する

覚えておきたいキーワード
☑ OnrDrive
☑ 共有
☑ PoiwerPoint Online

マイクロソフトが提供しているオンラインストレージサービス「OneDrive」を利用すると、自分のパソコンで作成したプレゼンテーションファイルをインターネット上に保存して、複数のユーザーと共有することができます。共有されたファイルは、「PowerPoint Online」を利用して、Webブラウザ上で閲覧できます。

1 OneDriveに保存する

キーワード OneDrive

「OneDrive」は、マイクロソフトが提供しているオンラインストレージサービスで、ドキュメントや写真、動画などのファイルをインターネット上に保存することができます。
なお、OneDriveのサービスを利用するには、Microsoftアカウントを取得する必要があります。

1 <ファイル>タブをクリックして、

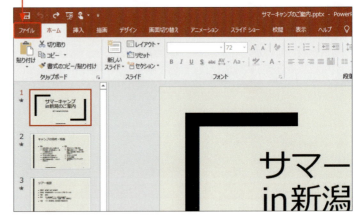

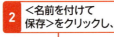
2 <名前を付けて保存>をクリックし、

3 <OneDrive-個人用>をクリックして、

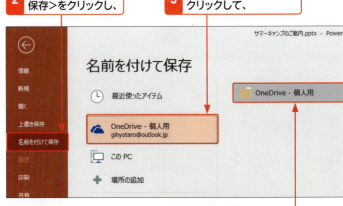

メモ OneDriveへのファイルの保存

OneDriveに保存したプレゼンテーションファイルは、Webブラウザから閲覧・表示することができるので、外出先からファイルにアクセスすることも可能です。
また、複数のユーザーと共有することもできます。

4 <OneDrive-個人用>をクリックします。

5 保存先を指定して、
6 ファイル名を入力し、

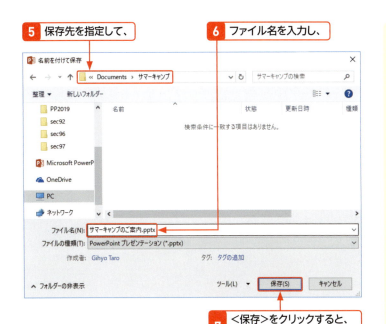

7 <保存>をクリックすると、OneDriveに保存されます。

メモ 保存先の指定

<名前を付けて保存>ダイアログボックスでは、ファイルを保存するOneDriveのフォルダーを指定します。

2 ユーザーを招待する

1 OneDriveに保存したプレゼンテーションを開いて、
2 <共有>をクリックし、

3 共有するユーザーのメールアドレスを入力して、
4 共有の設定を行い、

メモ 共有の設定

手順4では、共有の設定を<編集可能>または<表示可能>から選択できます。

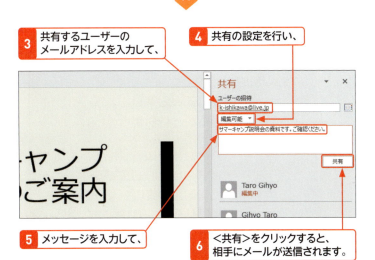

5 メッセージを入力して、
6 <共有>をクリックすると、相手にメールが送信されます。

メモ 共有されたファイルの閲覧

共有ファイルへの招待メールを受信したら、メールに記載されているリンクをクリックすると、Webブラウザが起動して、「PowerPoint Online」を利用してファイルを表示できます。「PowerPoint Online」は、無料で利用できるオンラインアプリケーションです。プレゼンテーションを閲覧・編集することができ、他のユーザーとリアルタイムで共同編集を行うことも可能です。

メモ レーザーポインター機能の利用

PowerPointのレーザーポインター機能を利用すると、スライドショーの実行中にスライドの強調したい部分を示すことができます。

レーザーポインターの色は、＜スライドショー＞タブの＜スライドショーの設定＞をクリックすると表示される＜スライドショーの設定＞ダイアログボックスで設定することができます（手順①～③参照）。

マウスポインターをレーザーポインターに切り替えるには、手順④～⑥の操作を行うか、Ctrlを押しながらスライド上をクリックします。

1 ここをクリックして、

2 目的の色をクリックし、

3 ＜OK＞をクリックします。

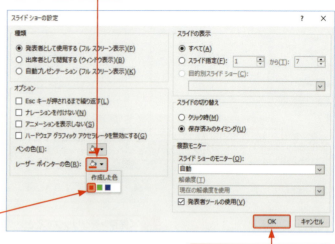

4 発表者ツールを利用してスライドショーを実行し（Sec.94参照）、

5 ここをクリックして、

6 ＜レーザーポインター＞をクリックすると、

7 レーザーポインターが表示されます。

8 Escを押すと、矢印に戻ります。

Chapter 09

第9章

配布資料の印刷

- Section 101 スライドを印刷する
- 102 ノートを表示した状態で印刷する
- 103 資料に日付やページ番号を挿入する
- 104 スライドのアウトラインを印刷する
- 105 プレゼンテーションをムービーで配布する
- 106 プレゼンテーションをPDFで配布する

Section 101 スライドを印刷する

覚えておきたいキーワード
- ☑ 印刷
- ☑ 印刷プレビュー
- ☑ 配布資料

プレゼンテーションを行う際に、あらかじめスライドの内容を印刷したものを資料として参加者に配布しておくと、参加者は内容を理解しやすくなります。1枚の用紙にスライドを1枚ずつ配置したり、1枚の用紙に複数のスライドを配置したりして印刷できます。

1 スライドを1枚ずつ印刷する

 メモ　印刷対象の選択

手順④では、次の4種類から印刷対象を選択することができます。

①フルページサイズのスライド
　スライドショーと同じ画面を印刷します。
②ノート
　ノートを付けて印刷します（Sec.102参照）。
③アウトライン
　スライドのアウトラインを印刷します（Sec.104参照）。
④配布資料
　1枚の用紙に複数枚のスライドを配置して印刷します（P.267参照）。

1 ＜ファイル＞タブをクリックして、

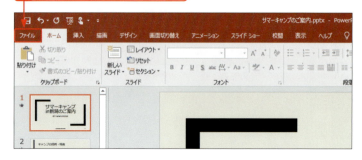

2 ＜印刷＞をクリックし、

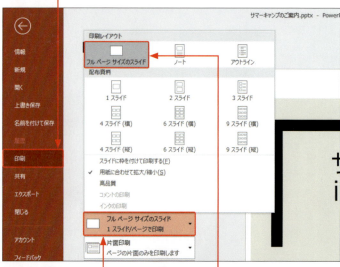

3 ここをクリックして、

4 ＜フルページサイズのスライド＞をクリックします。

 ヒント　スライドに枠線を付けて印刷するには？

スライドに枠線を付けて印刷するには、手順④の画面で＜スライドに枠を付けて印刷する＞をクリックしてオンにします。

5 ここをクリックして、

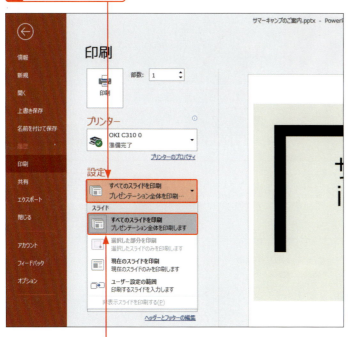

6 目的の印刷範囲をクリックし、

メモ　印刷範囲の選択

手順**6**では、次の4種類から印刷対象を選択することができます。

①すべてのスライドを印刷
　すべてのスライドを印刷します。
②選択した部分を印刷
　サムネイルウィンドウやスライド一覧表示モードで選択しているスライドを印刷します。
③現在のスライドを印刷
　現在表示しているスライドを印刷します。
④ユーザー設定の範囲
　下の＜スライド指定＞ボックスに入力した番号のスライドを印刷します。番号と番号の間は「,」（カンマ）で区切り、スライドが連続する範囲は、始まりと終わりの番号を「-」（ハイフン）で結びます。「1-3,5」と入力した場合、1、2、3、5番目のスライドが印刷されます。

7 印刷プレビューを確認して（P.266の「メモ」参照）、

ステップアップ プリンターのプロパティの設定

手順8の画面で＜プリンターのプロパティ＞をクリックすると、プリンターのプロパティが表示され、用紙の種類や印刷品質、給紙方法などを設定することができます。

8 部数を入力し、

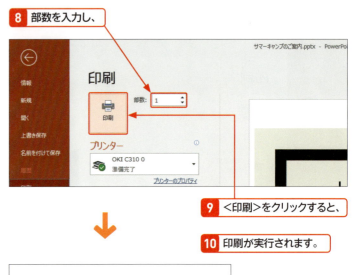

9 ＜印刷＞をクリックすると、

10 印刷が実行されます。

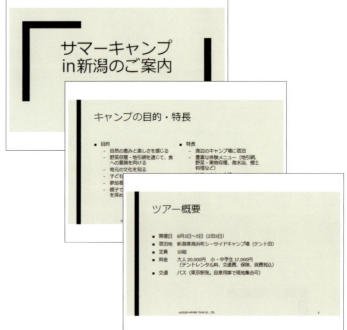

メモ 印刷プレビューの利用

＜ファイル＞タブの＜印刷＞パネルの右側には、印刷プレビューが表示され、スライドを印刷したときのイメージを確認することができます。

クリックすると、前のスライドまたは次のスライドを表示します。

スライダーをドラッグするかボタンをクリックすると、拡大／縮小されます。

クリックすると、ページ全体が表示されるように拡大／縮小されます。

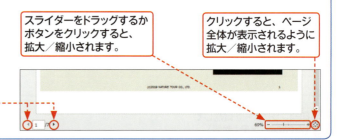

2 1枚に複数のスライドを配置して印刷する

1 <ファイル>タブの<印刷<をクリックして、

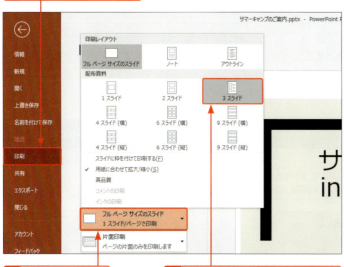

> **メモ 配布資料の印刷**
>
> 複数のスライドを1枚の用紙に配置して、配布用の資料を作成するには、手順3で<配付資料>グループから、1枚の用紙に印刷したいスライドの数を選択します。1枚の用紙に印刷できる最大のスライド枚数は9枚です。
> なお、<3スライド>を選択した場合のみ、スライドの横にメモ用の罫線が表示されます。

2 ここをクリックし、

3 1枚の用紙に印刷したいスライドの枚数をクリックすると、

4 印刷プレビューの表示が切り替わります。

5 印刷部数を入力して、

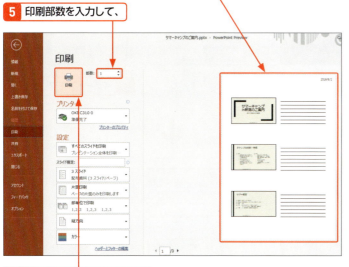

6 <印刷>をクリックすると、印刷が実行されます。

Section 102 ノートを表示した状態で印刷する

覚えておきたいキーワード
☑ ノート
☑ ヘッダーとフッター
☑ ページ番号

発表者用のメモであるノート（Sec.91 参照）は、スライドと一緒に印刷することができます。また、＜ヘッダーとフッター＞ダイアログボックスの＜ノートと配布資料＞を利用して、日付やページ番号、ヘッダー、フッターを挿入して印刷することもできます。

第9章 配布資料の印刷

1 ノートを印刷する

メモ ノートの印刷

ノートを印刷するには、手順❸で＜ノート＞をクリックします。用紙の上部にスライドが、下部にノートが配置されて印刷されます。

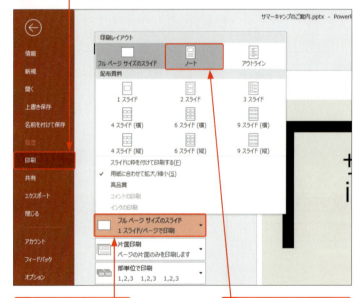

❶ ＜ファイル＞タブの＜印刷＞をクリックし、

❷ ここをクリックして、

❸ ＜ノート＞をクリックし、

❹ ＜ヘッダーとフッターの編集＞をクリックします。

ヒント モノクロで印刷するには？

スライドをモノクロで印刷するには、手順❹の画面で下図の手順に従います。

❶ ここをクリックし、

❷ ＜グレースケール＞または＜単純白黒＞をクリックします。

Section 102 ノートを表示した状態で印刷する

5 ＜ノートと配布資料＞をクリックし、

6 日付やページ番号など、ヘッダーとフッターに表示する項目を設定し、

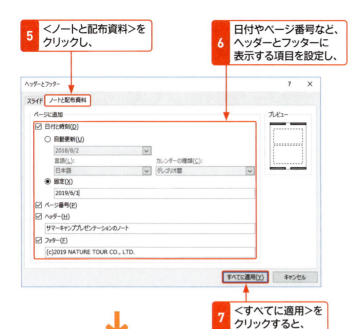

メモ 日付と時刻の設定

手順6で＜自動更新＞をクリックすると、プレゼンテーションを開いた日付と時刻が自動的に表示されます。

任意の日付や時刻を入力するには、＜固定＞をクリックし、その下のボックスに日付や時刻を入力します。

7 ＜すべてに適用＞をクリックすると、

8 設定した項目がヘッダーとフッターに挿入されます。

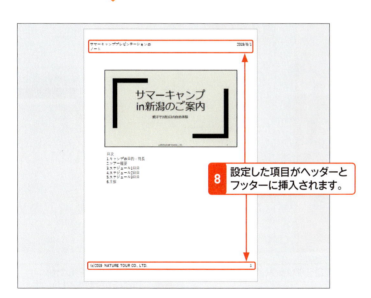

ヒント ノートのレイアウトを編集するには？

配布資料のノートの印刷レイアウトを編集するには、＜表示＞タブの＜ノートマスター＞をクリックします。ノートマスターが表示されるので、ノートのフォントサイズや、ヘッダー・フッターの位置、書式などを変更できます。

第9章 配布資料の印刷

9 印刷部数を入力して、

10 ＜印刷＞をクリックすると、印刷が実行されます。

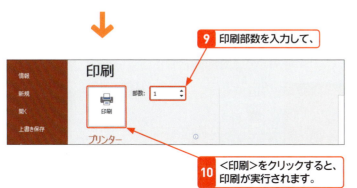

ヒント スライドの編集画面に戻るには？

印刷設定画面から、スライドの編集画面に戻るには、ウィンドウ左上の をクリックします。

Section 103 資料に日付やページ番号を挿入する

覚えておきたいキーワード
- ☑ 配布資料
- ☑ 日付
- ☑ ページ番号

1枚の用紙に複数のスライドを配置して印刷できる「配布資料」には、日付やページ番号を挿入して印刷することが可能です。その場合は、＜印刷＞設定画面から＜ヘッダーとフッター＞ダイアログボックスを表示して、＜ノートと配布資料＞から設定を行います。

第9章 配布資料の印刷

1 配布資料に日付とページ番号を印刷する

ヒント：ヘッダー・フッターを挿入するには？

配布資料にヘッダー・フッターとして任意の文字列を挿入したい場合は、P.271 手順5 の画面で＜ヘッダー＞、＜フッター＞をオンにし、ボックスに文字列を入力します。

＜ヘッダー＞、＜フッター＞をオンにし、文字列を入力します。

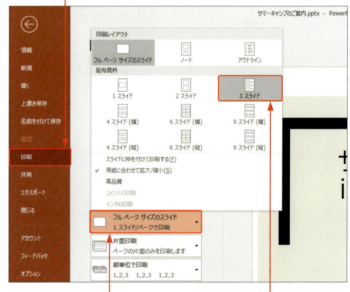

1 ＜ファイル＞タブの＜印刷＞をクリックし、

2 ここをクリックして、

3 1枚の用紙に印刷したいスライドの枚数をクリックし、

4 ＜ヘッダーとフッターの編集＞をクリックします。

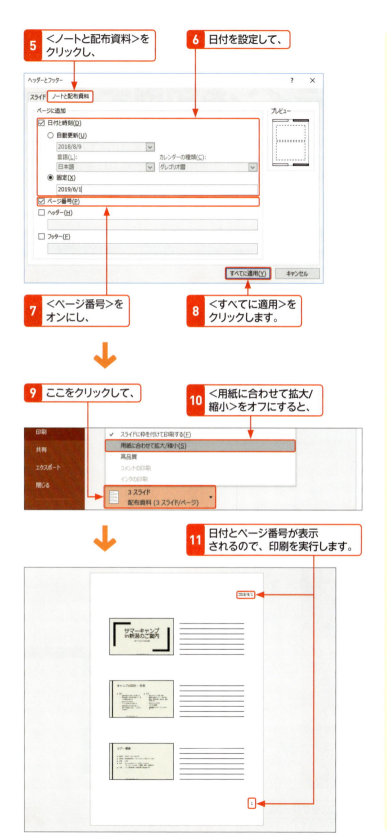

ヒント ページ番号が表示されない?

手順❽直後の状態では、ページ番号が表示されません。手順❿で＜用紙に合わせて拡大／縮小＞をオフにすると、ページ番号が表示されるようになります。

Section 104 スライドのアウトラインを印刷する

覚えておきたいキーワード
☑ アウトライン
☑ 印刷
☑ 印刷プレビュー

プレゼンテーション全体のテキストだけを印刷したい場合は、アウトライン（第11章参照）を印刷します。スライドをそのまま印刷する（Sec.101参照）よりも、プレゼンテーションのテキストを重点的に把握でき、印刷枚数も少なくなくなります。

1 アウトラインを印刷する

メモ アウトラインの印刷

手順 で＜アウトライン＞をクリックすると、アウトライン表示の左側のウィンドウに表示される内容を印刷することができます。

1 ＜ファイル＞タブをクリックして、

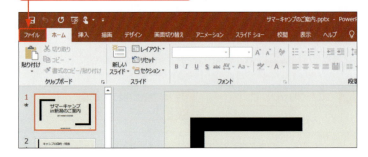

2 ＜印刷＞をクリックし、

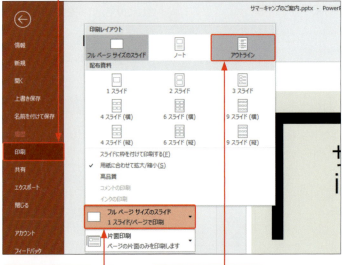

3 ここをクリックして、

4 ＜アウトライン＞をクリックします。

5 印刷部数を入力して、

6 <印刷>をクリックすると、

7 アウトラインが印刷されます。

ヒント　用紙を横向きに印刷するには？

アウトラインを印刷するときに、用紙の向きを横にするには、下の手順に従います。

1 ここをクリックして、

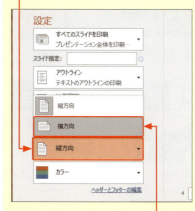

2 <横方向>をクリックします。

Section 105 プレゼンテーションをムービーで配布する

覚えておきたいキーワード
- ☑ ビデオの作成
- ☑ WMV 形式
- ☑ MP4 形式

プレゼンテーションファイルは、WMV 形式または MP4 形式のビデオファイルで保存することができます。作成したビデオファイルは、Windows 10 の「映画＆テレビ」などの動画再生ソフトで再生できるので、PowerPoint がインストールされていないパソコンでもスライドショーを実行できます。

1 プレゼンテーションのビデオを作成する

メモ ビデオの画質の設定

手順4では、ビデオの画質を次の4種類から選択できます。

① Ultra HD（1080p）
最高画質で、ファイルサイズも最大になります。解像度は 3840×2160 です。

② フル HD（1080p）
比較的高画質です。解像度は 1920×1080 です。

③ HD（720p）
中程度の画質です。解像度は 1280×720 です。

④ 標準（480p）
もっとも低画質でファイルサイズが小さくなります。解像度は 852×480 です。

1 <ファイル>タブをクリックして、

メモ タイミングとナレーションの設定

手順4では、プレゼンテーションに設定している画面切り替えのタイミングとナレーションを使用してビデオを作成するかどうかを選択できます。
<記録されたタイミングとナレーションを使用しない>を選択した場合は、下の<各スライドの所要時間（秒）>ボックスで、各スライドの表示時間を指定できます。

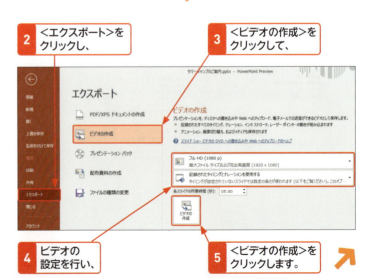

2 <エクスポート>をクリックし、
3 <ビデオの作成>をクリックして、
4 ビデオの設定を行い、
5 <ビデオの作成>をクリックします。

Section 105 プレゼンテーションをムービーで配布する

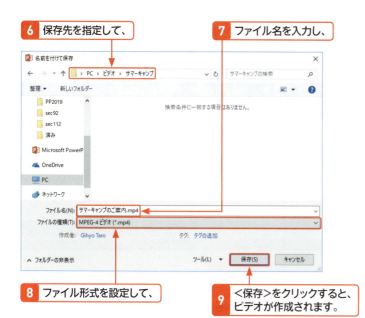

メモ ファイル形式の設定

手順8の＜ファイルの種類＞では、ファイル形式を＜ MPEG-4 ビデオ（*.mp4）＞または＜ Windows Media ビデオ（*.wmv）＞から選択できます。

メモ 保存までの時間

手順9で＜保存＞をクリックしてから、実際に保存されるまで長い時間がかかることがあります。進行状況はステータスバーで確認できます。

2 ビデオを再生する

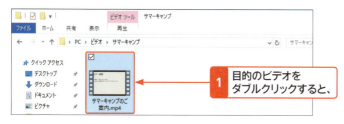

メモ ビデオの再生

Windows 10 の場合、既定ではアプリ「映画&テレビ」が起動し、ビデオが再生されます。利用するアプリケーションを選択するには、手順1の画面で目的のビデオファイルを右クリックし、＜プログラムから開く＞をポイントして、目的のアプリケーションをクリックします。

第 9 章 配布資料の印刷

275

Section 106 プレゼンテーションをPDFで配布する

覚えておきたいキーワード
- ☑ PDF
- ☑ Acrobat Reader
- ☑ Microsoft Edge

プレゼンテーションファイルは、PDF形式で保存することができます。PDFファイルは、無料で配布されているソフト「Acrobat Reader」などで表示できるので、PowerPointがインストールされていないパソコンでも閲覧することができます。

1 PDFで保存する

キーワード PDF

「PDF」は、Adobe Systemsが開発したファイル形式で、「Portable Document Format」の略です。
環境の異なるパソコンでプレゼンテーションファイルを開くと、フォントが置き換わってしまったり、レイアウトが崩れてしまったりする場合がありますが、PDF形式で保存すれば、異なる環境でも同じように表示することができます。

1 <ファイル>タブをクリックして、

2 <エクスポート>をクリックし、

3 <PDF/XPSドキュメントの作成>をクリックして、

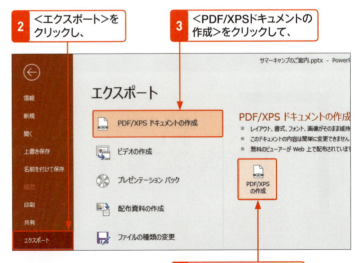

4 <PDF/XPSの作成>をクリックします。

5 保存場所を指定して、

6 ファイル名を入力し、

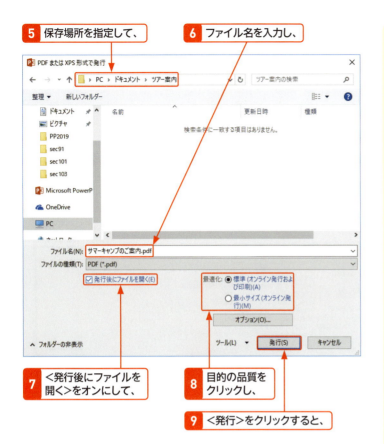

7 <発行後にファイルを開く>をオンにして、

8 目的の品質をクリックし、

9 <発行>をクリックすると、

> **メモ　品質の設定**
>
> 手順**8**では、PDFの品質を設定することができます。PDFを印刷する必要があるときは<標準(オンライン発行および印刷)>をクリックし、オンラインで配布する場合などなるべくファイルサイズを小さくしたいときは<最小サイズ(オンライン発行)>をクリックします。

10 PDFが作成され、表示されます。

> **メモ　PDFファイルの表示**
>
> Windows 10の場合、既定ではMicrosoft Edgeが起動して、PDFファイルが表示されます。

メモ ＜名前を付けて保存＞ダイアログボックスの利用

＜名前を付けて保存＞ダイアログボックスを表示して（P.57 参照）、＜ファイルの種類＞で＜ PDF（*.pdf）＞を指定しても、プレゼンテーションを PDF 形式で保存することができます。

＜ファイルの種類＞で
＜PDF（*.pdf）＞を指定します。

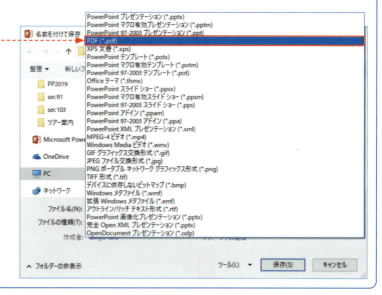

ステップアップ オプションの設定

P.277 手順5の画面で＜オプション＞をクリックすると、＜オプション＞ダイアログボックスが表示され、PDF に変換するスライド範囲や、コメントの有無などの設定を行うことができます。

PDFに変換するスライドの範囲を指定できます。

スライド以外にも、ノートや配布資料をPDFに変換できます。

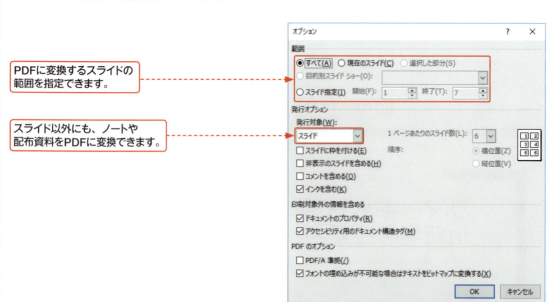

Chapter 10

第10章
スライドマスターを利用したオリジナルのテーマの作成

Section	107	スライドマスター機能とは
	108	すべてのスライドの書式を統一する
	109	スライドマスターを追加する
	110	スライドのレイアウトを追加する
	111	プレースホルダーの大きさや位置を変更する
	112	スライドマスターで背景を設定する
	113	すべてのスライドに会社のロゴを入れる
	114	テーマとして保存する

Section 107 スライドマスター機能とは

プレゼンテーションのすべてのスライドの書式やヘッダー・フッターの配置などを一括して変更したいときは、「スライドマスター」を使用します。たとえば、スライドタイトルの書式や会社のロゴ画像など、スライドマスターを変更すれば、スライドを1枚ずつ編集する必要はありません。

覚えておきたいキーワード
- ☑ スライドマスター
- ☑ レイアウト
- ☑ マスター

第10章 スライドマスターを利用したオリジナルのテーマの作成

1 すべてのスライドをまとめて変更する

メモ スライドマスターを利用して効率化

プレゼンテーション全体にかかわる書式の変更は、1枚1枚スライドを編集するのではなく、スライドマスターを編集すると、一括して変更できます。作業時間を短縮できるだけでなく、編集ミスも防ぐことができます。

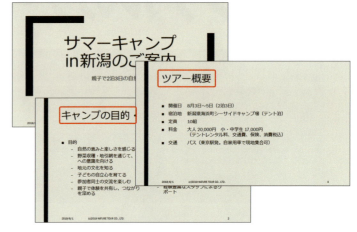

スライドマスターを利用すると、スライドタイトルの書式変更や会社ロゴ画像の挿入、背景の書式変更など、全体をまとめて変更できます。

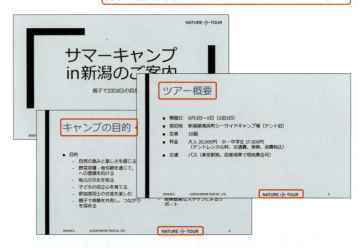

メモ テーマとして保存して再利用できる

変更したスライドマスターをテーマとして保存すれば(Sec.114参照)、ほかのプレゼンテーションにも繰り返し利用できます。

2 スライドマスターの構成

- スライドマスター
- レイアウトマスター

メモ スライドマスターとレイアウトマスター

スライドマスター表示に切り替えると、左側のウィンドウに、全体を管理する「スライドマスター」と、各スライドレイアウトを管理する「レイアウトマスター」のサムネイルが表示されます。

大部分の変更は、「スライドマスター」を編集すれば全体に反映されますが、タイトルスライドへの画像の挿入など、一部反映されないものもあるので、その場合は各レイアウトを編集します。

メモ スライドマスター表示とそのほかのマスター

スライドマスターを表示するには、＜表示＞タブの＜スライドマスター＞をクリックします。また、＜表示＞タブの＜マスター表示＞グループの＜配布資料マスター＞をクリックすると配布資料を印刷するときのマスター、＜ノートマスター＞をクリックするとノートを印刷するときのマスターを編集することができます。

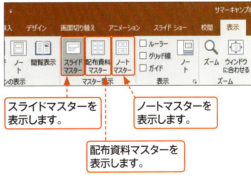

- スライドマスターを表示します。
- 配布資料マスターを表示します。
- ノートマスターを表示します。

配布資料マスター

ノートマスター

Section 108 すべてのスライドの書式を統一する

覚えておきたいキーワード
- ☑ スライドマスター
- ☑ スライドマスター表示
- ☑ レイアウト

すべてのスライドのタイトルの書式を変更したり、プレースホルダーの位置を変更したりなど、プレゼンテーション全体に関わる書式は、「スライドマスター」を利用すると、一括して変更できます。このセクションでは、すべてのスライドのスライドタイトルの書式を変更する方法を解説します。

1 スライドマスター表示に切り替える

メモ スライドマスター表示への切り替え

＜表示＞タブの＜スライドマスター＞をクリックすると、スライドマスター表示に切り替わり、＜スライドマスター＞タブが表示されます。
ウィンドウ左側には、一番上にプレゼンテーション全体の書式を管理する＜スライドマスター＞が表示され、その下にはスライドレイアウトの一覧が表示されます。
プレゼンテーション全体の書式を変更する場合は、ウィンドウ左側で＜スライドマスター＞を選択してウィンドウ右側で編集を行います。特定のスライドレイアウトの書式を変更する場合は、ウィンドウ左側で目的のスライドレイアウトを選択して編集します。

1 ＜表示＞タブをクリックして、

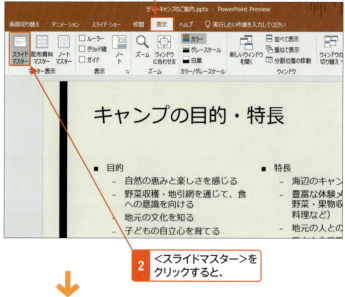

2 ＜スライドマスター＞をクリックすると、

3 スライドマスター表示に切り替わります。

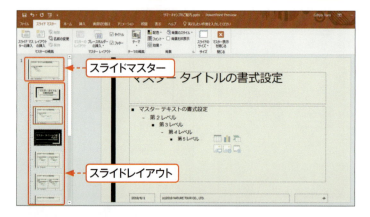

2 スライドマスターで書式を変更する

1 <スライドマスター>をクリックして、

メモ スライドマスターの編集

左の手順では、プレゼンテーション全体に関わるスライドタイトルの書式を変更するため、ウィンドウ左側で<スライドマスター>を選択しています。

2 スライドのタイトルのフォントの色を変更し（P.74参照）、

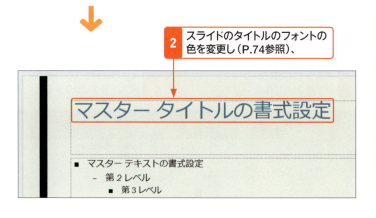

3 <スライドマスター>タブをクリックして、

4 <マスター表示を閉じる>をクリックすると、

5 すべてのスライドの書式が変更されていることが確認できます。

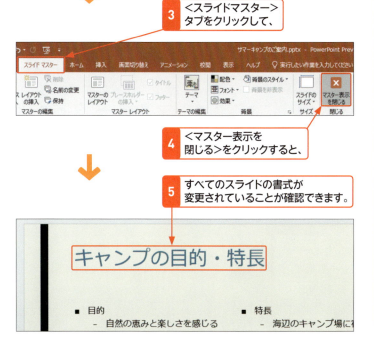

メモ 標準表示モードで編集結果を確認

スライドマスターの編集が終わったら、<スライドマスター>タブの<マスター表示を閉じる>をクリックして、マスター表示を閉じます。各スライドを表示すると、書式が変更されていることが確認できます。

Section 109 スライドマスターを追加する

覚えておきたいキーワード
- ☑ スライドマスター
- ☑ テーマ
- ☑ 保持

1つのプレゼンテーションファイルに複数のスライドマスターを適用したい場合は、スライドマスター表示で、新しいスライドマスターを挿入します。挿入したスライドマスターには、テーマを適用したり、書式を変更したりして、カスタマイズすることができます。

1 スライドマスターを挿入する

ヒント スライドマスターを削除するには？

挿入したスライドマスターを削除するには、左側のウィンドウで目的のスライドマスターをクリックし、<スライドマスター>タブの<削除>をクリックします。

1 スライドマスター表示に切り替え(P.282参照)、

2 <スライドマスター>タブをクリックし、

3 <スライドマスターの挿入>をクリックすると、

4 新しいスライドマスターが追加されます。

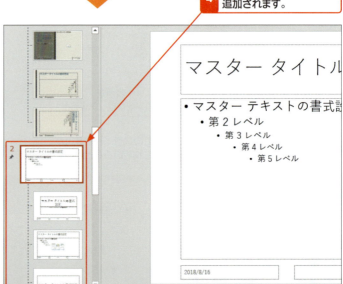

2 スライドマスターにテーマを適用する

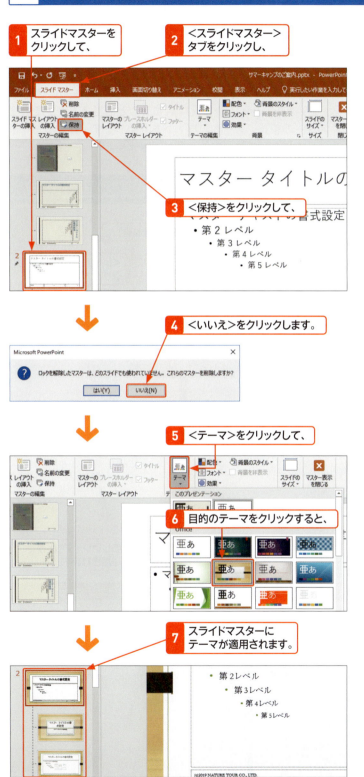

メモ 保持の解除

スライドマスターを挿入した直後の状態では、スライドマスターは保持され、そのスライドマスターにテーマが適用できない状態です。テーマを適用するには、左の手順で保持を解除してから、テーマを適用します。

ヒント 保持を解除せずにテーマを適用すると？

スライドマスターの保持を解除せずに、テーマを適用すると、そのテーマが適用された新しいスライドマスターが挿入されます。

Section 110 スライドのレイアウトを追加する

覚えておきたいキーワード
- ☑ レイアウト
- ☑ スライドマスター
- ☑ プレースホルダー

各テーマには、何種類かのスライドのレイアウトが用意されていますが（Sec.11 参照）、オリジナルのレイアウトを作成することもできます。その場合は、スライドマスターの＜レイアウトの挿入＞を利用します。作成したレイアウトには、プレースホルダーを挿入することができます。

1 新しいレイアウトを挿入する

ヒント レイアウトの名前を設定するには？

挿入したレイアウトに名前を設定するには、レイアウトをクリックし、＜スライドマスター＞タブの＜名前の変更＞をクリックします。＜レイアウト名の変更＞ダイアログボックスが表示されるので、名前を入力し、＜名前の変更＞をクリックします。

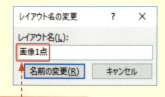

名前を入力します。

ヒント タイトルやフッターを削除するには？

レイアウトを挿入すると、自動的にタイトルとフッターのプレースホルダーが配置されます。これらを削除するには、＜スライドマスター＞タブの＜タイトル＞と＜フッター＞をオフにするか、プレースホルダーを選択して[Delete]を押します（右ページの「ヒント」参照）。

これらをオフにします。

1 スライドマスター表示に切り替え（P.282参照）、

2 ＜スライドマスター＞タブをクリックし、

3 ＜レイアウトの挿入＞をクリックすると、

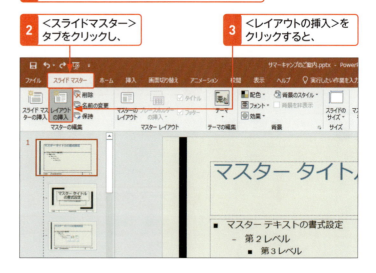

4 新しいレイアウトが追加されます。

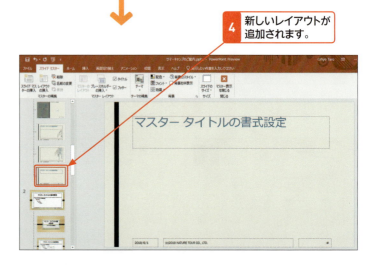

2 プレースホルダーを挿入する

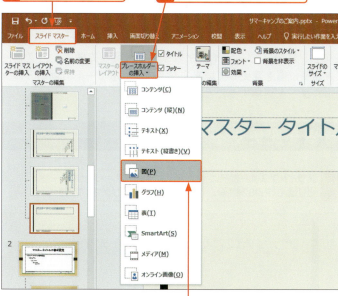

1 <スライドマスター>タブをクリックして、
2 <プレースホルダーの挿入>のここをクリックし、
3 目的のコンテンツの種類をクリックします。

メモ プレースホルダーのコンテンツの種類の選択

プレースホルダーを挿入するときには、コンテンツの種類を選択できます。手順3で<コンテンツ>または<コンテンツ（縦）>をクリックすると、すべての種類のコンテンツに対応したプレースホルダーを挿入できます。

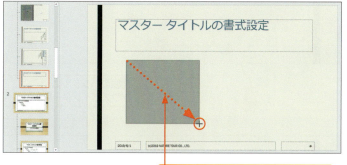

4 スライドを斜めにドラッグすると、

ヒント プレースホルダーを削除するには？

プレースホルダーを削除するには、プレースホルダーの枠線をクリックして選択し、Delete を押します。
なお、プレースホルダーの削除は、標準表示モードでも行うことができます。

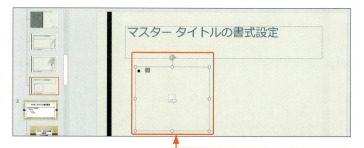

5 プレースホルダーが作成されます。

メモ 標準表示モードで編集結果を確認

スライドマスターの編集が終わったら、<スライドマスター>タブの<マスター表示を閉じる>をクリックして、マスター表示を閉じます。
<ホーム>タブの<新しいスライド>や<レイアウト>をクリックすると、新しいレイアウトが作成されたことを確認できます。

Section 111 プレースホルダーの大きさや位置を変更する

覚えておきたいキーワード
- ☑ プレースホルダー
- ☑ スライドマスター
- ☑ 標準表示モード

プレースホルダーの大きさや位置は、ドラッグして変更することができます。このセクションでは、P.287でスライドマスターを利用して挿入したプレースホルダーの大きさや位置を変更していますが、標準表示モードで個別のスライドのプレースホルダーを編集することもできます。

1 プレースホルダーの大きさを変更する

ヒント　縦横比を保持して大きさを変更するには？

プレースホルダーの縦横比を保持したまま大きさを変更するには、Shiftを押しながら四隅のハンドルをドラッグします。

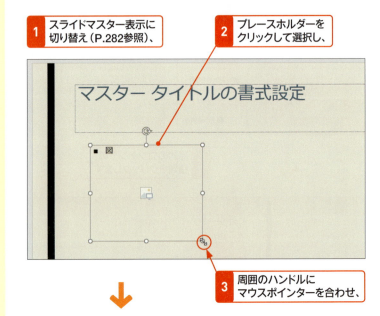

1 スライドマスター表示に切り替え（P.282参照）、
2 プレースホルダーをクリックして選択し、
3 周囲のハンドルにマウスポインターを合わせ、
4 ドラッグすると、大きさが変わります。

ステップアップ　プレースホルダーの大きさを数値で指定する

プレースホルダーの大きさを数値で指定するには、プレースホルダーを選択し、＜描画ツール＞の＜書式＞タブの＜図形の高さ＞と＜図形の幅＞にそれぞれ数値を入力します。

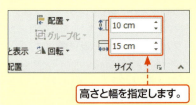

高さと幅を指定します。

2 プレースホルダーの位置を変更する

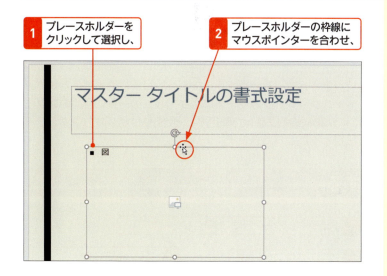

1 プレースホルダーをクリックして選択し、
2 プレースホルダーの枠線にマウスポインターを合わせ、

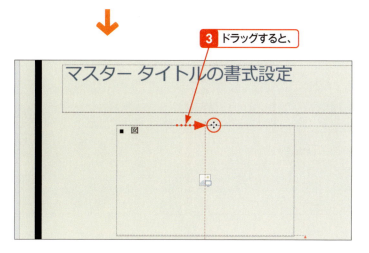

3 ドラッグすると、

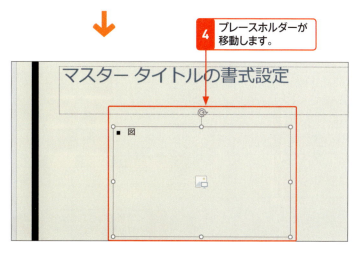

4 プレースホルダーが移動します。

ヒント 水平・垂直方向に移動するには？

プレースホルダーを水平・垂直方向に移動するには、Shiftを押しながらドラッグします。

メモ 標準表示モードでも可能

プレースホルダーのサイズ変更と移動は、スライドマスター表示だけでなく、標準表示モードでも可能です。

メモ 標準表示モードで編集結果を確認

スライドマスターの編集が終わったら、＜スライドマスター＞タブの＜マスター表示を閉じる＞をクリックして、マスター表示を閉じます。＜ホーム＞タブの＜新しいスライド＞や＜レイアウト＞をクリックすると、新しいスライドレイアウトのプレースホルダーのサイズや位置が変更されたことを確認できます。

Section 112 スライドマスターで背景を設定する

覚えておきたいキーワード
- ☑ 背景のスタイル
- ☑ 塗りつぶし
- ☑ グラデーション

スライドの背景に設定されている色やグラデーションは、変更することができます。＜スライドマスター＞タブの＜背景のスタイル＞の一覧に目的のスタイルがない場合は、＜背景の書式設定＞を利用すると、塗りつぶしの色やグラデーション、画像を設定することができます。

1 スライドの背景を変更する

ヒント　特定のレイアウトだけを変更するには？

手順2では、＜スライドマスター＞をクリックして、ほぼすべてのレイアウトの背景をまとめて変更しています。特定のレイアウトだけを変更するには、手順2で目的のレイアウトをクリックします。

1. スライドマスター表示に切り替え（P.282参照）、
2. ＜スライドマスター＞をクリックして、
3. ＜スライドマスター＞タブをクリックし、

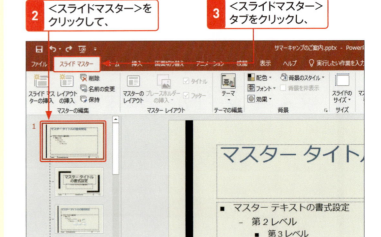

4. ＜背景のスタイル＞をクリックして、
5. ＜背景の書式設定＞をクリックします。

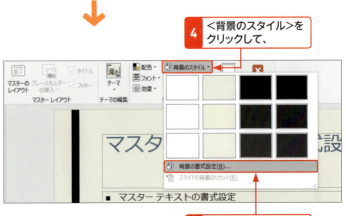

メモ　背景のスタイルの選択

手順5で、背景のスタイルの一覧に目的のスタイルがあれば、それをクリックして適用します。目的のスタイルがない場合は、＜背景の書式設定＞をクリックします。

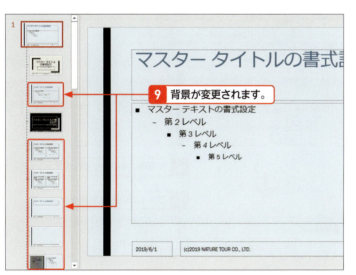

メモ 背景の書式設定

手順6の画面では、背景のスタイルを＜塗りつぶし（単色）＞、＜塗りつぶし（グラデーション）＞、＜塗りつぶし（図またはテクスチャ）＞、＜塗りつぶし（パターン）＞から選択できます。背景に画像を設定する場合は、＜塗りつぶし（図またはテクスチャ）＞を選択します。

メモ タイトルスライドレイアウトも編集する

本文で使用しているテーマでは、手順2～8で＜スライドマスター＞の背景を変更しても、タイトルスライドの背景は変更されません。これは、タイトルスライドの＜スライドマスター＞タブの＜背景を非表示＞のチェックがオンになっているためです。タイトルスライドの背景も変更したい場合は、手順10のように＜タイトルスライドレイアウト＞を選択して、背景を変更する必要があります。

メモ 標準表示モードで編集結果を確認

スライドマスターの編集が終わったら、＜スライドマスター＞タブの＜マスター表示を閉じる＞をクリックして、マスター表示を閉じます。各スライドを表示すると、背景が変更されていることが確認できます。

Section 113 すべてのスライドに会社のロゴを入れる

覚えておきたいキーワード
- スライドマスター
- 図の挿入
- タイトルスライド

すべてのスライドに画像ファイルの会社のロゴを入れたい場合は、スライドマスターを利用して、画像を挿入します。スライドマスターで挿入した画像は、標準表示モードでは選択することができないため、移動や削除などは、スライドマスターで行う必要があります。

1 会社のロゴの画像ファイルを挿入する

メモ 画像ファイルの挿入

会社のロゴをすべてのスライドに表示するには、スライドマスター表示に切り替えて、画像ファイルを挿入します。

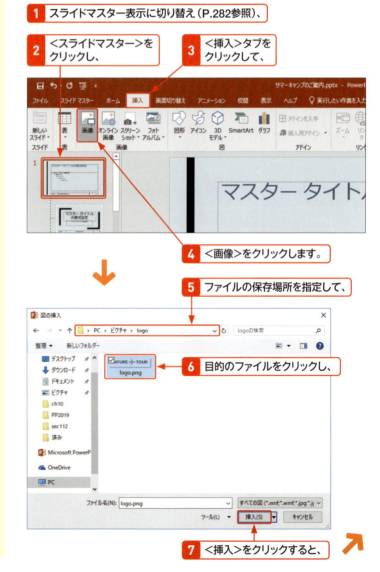

1. スライドマスター表示に切り替え（P.282参照）、
2. <スライドマスター>をクリックし、
3. <挿入>タブをクリックして、
4. <画像>をクリックします。
5. ファイルの保存場所を指定して、
6. 目的のファイルをクリックし、
7. <挿入>をクリックすると、

第10章 スライドマスターを利用したオリジナルのテーマの作成

8 画像が挿入されるので、

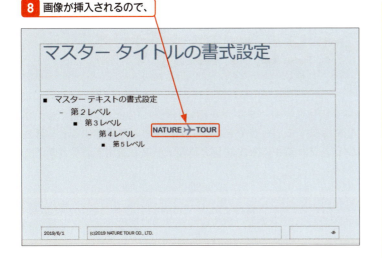

9 画像の位置を調整します（Sec.36参照）。

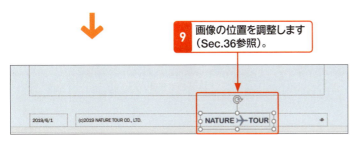

10 ＜タイトルスライドレイアウト＞をクリックして、

11 同様に画像を挿入します。

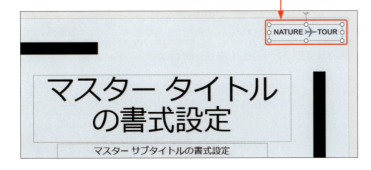

メモ 画像のサイズと位置の調整

挿入した画像は、図形と同様の方法で周囲のハンドルをドラッグして、サイズを変更できます（Sec.37 参照）。
また、図形と同様、画像にマウスポインターを合わせてドラッグすると、位置を変更できます（Sec.36 参照）。

メモ タイトルスライドレイアウトも編集する

本文で使用しているテーマでは、手順**2**〜**9**で＜スライドマスター＞に画像を挿入しても、タイトルスライドには画像は表示されません。これは、タイトルスライドの＜スライドマスター＞タブの＜背景を非表示＞のチェックがオンになっているためです。タイトルスライドにも画像を表示させたい場合は、手順**10**以降のように＜タイトルスライドレイアウト＞を選択して、画像を挿入する必要があります。

メモ 標準表示モードで編集結果を確認

スライドマスターの編集が終わったら、＜スライドマスター＞タブの＜マスター表示を閉じる＞をクリックして、マスター表示を閉じます。
各スライドを表示すると、画像が挿入されていることが確認できます。

Section 114 テーマとして保存する

覚えておきたいキーワード
- ☑ テーマ
- ☑ .thmx
- ☑ ユーザー定義

スライドマスターを編集したり、テーマを編集したり（Sec.19参照）した場合は、テーマとして保存することができます。テーマとして保存すると、ほかのプレゼンテーションファイルにもオリジナルのテーマを適用することができます。

1 テーマを保存する

メモ　テーマとして保存する

変更したスライドマスターや、カスタマイズしたテーマは、テーマとして保存すると、何度でも利用することができます。

1 スライドマスター表示を閉じて（P.283参照）、

2 <デザイン>タブをクリックし、

3 <テーマ>グループのここをクリックして、

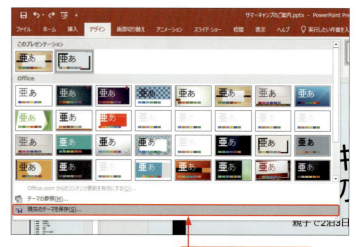

4 <現在のテーマを保存>をクリックします。

Section 114 テーマとして保存する

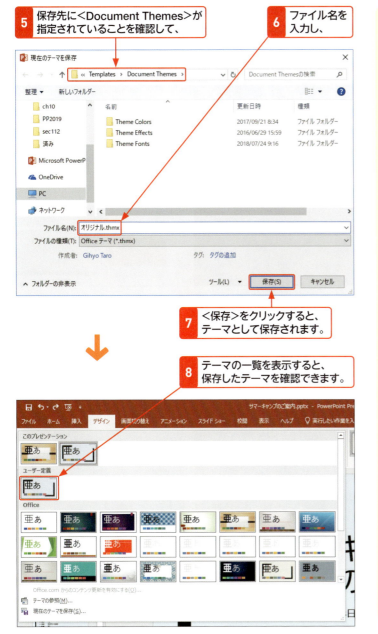

5 保存先に＜Document Themes＞が指定されていることを確認して、
6 ファイル名を入力し、
7 ＜保存＞をクリックすると、テーマとして保存されます。
8 テーマの一覧を表示すると、保存したテーマを確認できます。

メモ テーマの保存先

テーマの保存先は自動的に＜Document Themes＞フォルダーになります。保存先は変更しないでください。

メモ ファイルの種類

テーマとして保存する場合、＜ファイルの種類＞は自動的に＜Officeテーマ（*.thmx）＞になります。
テーマとして保存したファイルの拡張子は、「.thmx」になります。

メモ テーマの一覧に表示される

保存したテーマは、＜デザイン＞タブの＜テーマ＞の一覧に、＜ユーザー定義＞のテーマとして表示されます。

メモ 作成したテーマを削除するには？

作成したテーマを削除するには、＜デザイン＞タブの＜テーマ＞グループのテーマの一覧で、目的のテーマを右クリックし、＜削除＞をクリックします。

1 目的のテーマを右クリックして、
2 ＜削除＞をクリックします。

Section 114

2 オリジナルのテーマで新規プレゼンテーションを作成する

メモ 新規プレゼンテーションへの
オリジナルテーマの適用

新規プレゼンテーションを作成するときに、オリジナルのテーマを適用する場合は、起動時の画面で＜ユーザー設定＞をクリックすると、作成したテーマが表示されます。
また、＜ファイル＞タブの＜新規＞から新規プレゼンテーションファイルを作成する場合も、＜ユーザー設定＞をクリックすると、作成したテーマが表示されます。

1 PowerPointを起動して、

2 ＜ユーザー設定＞をクリックすると、

3 作成したテーマが表示されるので、目的のテーマをクリックします。

メモ テンプレートとして保存する

デザインだけでなく、プレゼンテーションの構成も使い回せるようにしたい場合は、テンプレートとして保存します。＜名前を付けて保存＞ダイアログボックスを表示して（Sec.15参照）、＜ファイルの種類＞で＜PowerPoint テンプレート（*.potx）＞を選択し、保存先は＜Office のカスタムテンプレート＞のままにして、保存します。

1 ＜PowerPointテンプレート（*.potx）＞を選択して、

2 ファイル名を入力し、

3 ＜保存＞をクリックします。

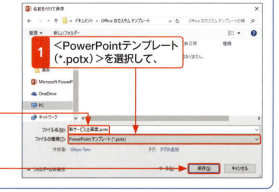

Chapter 11

第11章
アウトライン機能を利用したプレゼンテーションの作成

Section
- 115 アウトライン機能とは
- 116 プレゼンテーションの全体像を作成する
- 117 スライドの内容を入力する
- 118 段落レベルを変更する
- 119 スライドの順序を入れ替える
- 120 Wordのアウトラインからスライドを作成する

Section 115 アウトライン機能とは

覚えておきたいキーワード
- ☑ アウトライン表示モード
- ☑ 階層構造
- ☑ 段落レベル

第11章では、アウトライン機能を利用したプレゼンテーションの作成方法を解説します。プレゼンテーションでは**全体の構成が非常に重要**です。**アウトライン表示モード**では、左側のウィンドウに各スライドのテキストだけが表示されるので、デザインや書式を意識せず、プレゼンテーションの流れや内容に集中できます。

1 アウトライン機能を利用したプレゼンテーション作成の流れ

メモ タイトルの入力

アウトライン機能を利用したプレゼンテーションの作成では、プレゼンテーションをどういった流れで進めていくのか、全体の構成を考え、まずは各スライドのタイトルだけを入力していきます（Sec.116参照）。

構成を考える

全体の構成を考え、スライドのタイトルだけを入力します。

テキストを入力する

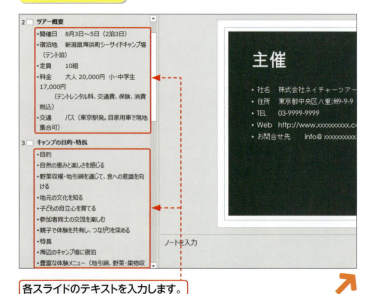

各スライドのテキストを入力します。

メモ テキストの入力

タイトルを入力したら、各スライドをどのような内容にするのかを考え、テキストを箇条書きで入力していきます（Sec.117参照）。

段落レベルを設定する

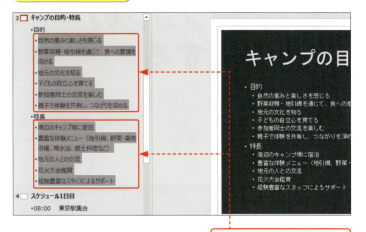

段落レベルを設定し、
テキストを階層構造にします。

> **メモ　階層構造にする**
>
> テキストは、小見出しとその内容のように、階層構造にすることができます。テキストに段落レベルを設定します（Sec.118参照）。

2 アウトライン表示モードに切り替える

1 ＜表示＞タブをクリックして、

2 ＜アウトライン表示＞をクリックすると、

3 アウトライン表示モードに切り替わります。

> **メモ　アウトライン表示モードへの切り替え**
>
> アウトライン表示モードへ切り替えるには、＜表示＞タブの＜アウトライン表示＞をクリックします。
> アウトライン表示モードでは、左側のウィンドウにすべてのスライドのタイトルとテキストだけが表示され、右側のスライドウィンドウにスライドが表示されます。

> **メモ　標準表示モードに戻す**
>
> アウトライン表示モードから標準表示モードに戻すには、＜表示＞タブの＜標準＞をクリックするか、ステータスバーの＜標準＞をクリックします。

Section 115　アウトライン機能とは

第11章　アウトライン機能を利用したプレゼンテーションの作成

Section 116 プレゼンテーションの全体像を作成する

覚えておきたいキーワード
- ☑ タイトル
- ☑ スライド
- ☑ スライドタイトル

プレゼンテーションは、構成が非常に重要になります。まずはスライドタイトルだけをすべて入力し、どのような順序でプレゼンテーションを進めるのか、構成を考えましょう。左側のウィンドウに文字列を入力すると、該当するプレースホルダーにも文字列が表示されます。

1 プレゼンテーションのタイトルを入力する

メモ　スライドのアイコン

アウトライン表示モードに切り替えると、左側のウィンドウにはスライドがアイコン で表示されます。このアイコンの右側にスライドのタイトルを入力します。

1. アウトライン表示モードに切り替え（P.299参照）、
2. スライドのアイコンの右側をクリックしてカーソルを移動し、
3. プレゼンテーションのタイトルを入力すると、
4. スライドのプレースホルダーにも文字列が表示されます。

メモ　文字列がプレースホルダーに反映される

アウトライン表示モードの左側のウィンドウに入力した文字列は、スライドのプレースホルダーに反映されるので、実際のスライドに表示されるイメージを確認することができます。

第11章 アウトライン機能を利用したプレゼンテーションの作成

2 スライドタイトルを入力する

メモ 新しいスライドの作成

アウトライン表示モードの左側のウィンドウに、タイトルを入力して Enter を押すと、新しいスライドが作成されるので、各スライドのタイトルを入力していきます。

メモ 新しいスライドのレイアウト

2枚目以降に作成されるスライドには、使用頻度の高い＜タイトルとコンテンツ＞のスライドレイアウトが自動的に適用されます。レイアウトはあとから変更することもできます（P.47 参照）。

Section 117 スライドの内容を入力する

覚えておきたいキーワード
- ☑ サブタイトル
- ☑ テキスト
- ☑ 箇条書き

すべてのスライドのタイトルを入力したら、各スライドのテキストを入力していきます。スライドタイトルの行末にカーソルを移動して Ctrl を押しながら Enter を押すと、テキストを入力できます。テキストは箇条書きで入力すると、簡潔で要点がわかりやすくなります。

1 プレゼンテーションのサブタイトルを入力する

メモ サブタイトルの入力

タイトルスライドのタイトルの行末にカーソルを移動して、Ctrl を押しながら Enter を押すと、サブタイトルを入力できます。

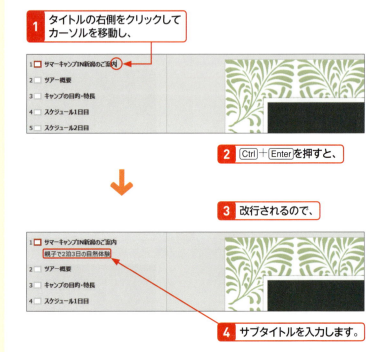

2 スライドのテキストを入力する

メモ テキストの入力

スライドタイトルの行末にカーソルを移動して、Ctrl を押しながら Enter を押すと、そのスライドのテキストを入力できます。

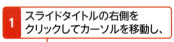

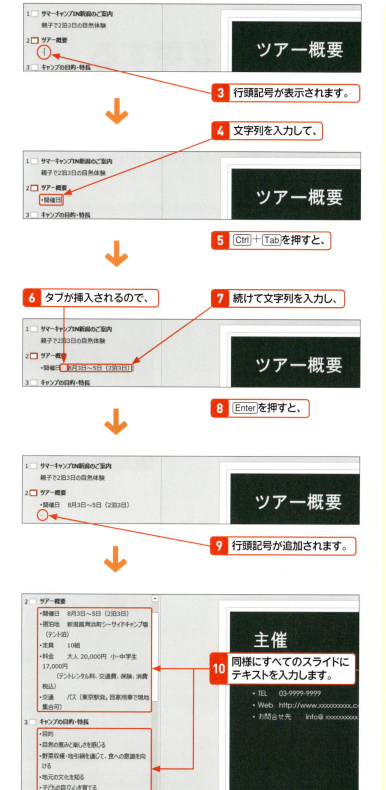

ヒント 行頭記号が表示されない？

プレゼンテーションに設定しているテーマによっては、テキストに行頭記号が表示されない場合があります。

メモ タブの挿入

アウトライン表示モードでタブを挿入するには Ctrl を押しながら Tab を押します。

メモ 箇条書きの項目の追加

テキストの行末にカーソルがある状態で Enter を押すと、段落が変わり、同じ段落レベルのテキストを入力できます。

ヒント 段落を変えずに改行するには？

テキストを入力して Enter を押すと、段落が変わります。段落を変えずに改行したい場合は、目的の位置にカーソルを移動し、Shift を押しながら Enter を押します。

Section 118 段落レベルを変更する

覚えておきたいキーワード
☑ 段落レベル
☑ インデントを増やす
☑ インデントを減らす

スライドのテキストは、第1レベル、第2レベル、第3レベル…と段落レベルを設定して、階層構造にすることができます。アウトライン表示モードでは、左側のウィンドウで目的の段落を選択し、Tabを押すと段落レベルが下がります。

1 段落レベルを下げる

メモ 離れた段落の選択

段落をドラッグして選択し、Ctrlを押しながら別の段落をドラッグすると、離れた位置にある段落を同時に選択することができます。

メモ 段落レベルの変更

段落レベルを下げるには、Tabを押すか、＜ホーム＞タブの＜インデントを増やす＞をクリックします。
また、段落レベルを上げるには、Shiftを押しながらTabを押すか、＜ホーム＞タブの＜インデントを減らす＞をクリックします。

ヒント タイトルをテキストに変えるには？

スライドのタイトルをテキストに変更するには、アウトライン表示モードの左側のウィンドウで目的のタイトルにカーソルを移動し、Tabを押します。
また、テキストをスライドのタイトルに変更するには、目的のテキストにカーソルを移動し、Shiftを押しながらTabを押します。

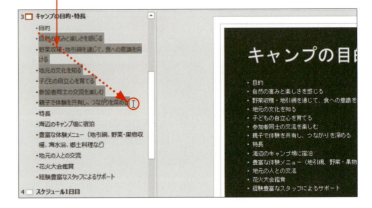

1 目的の段落をドラッグして選択し、

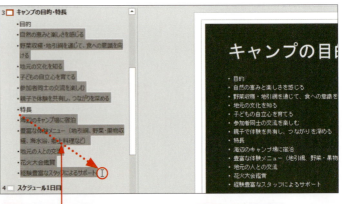

2 Ctrlを押しながらドラッグして選択し、

3 Tabを押すと、

第11章 アウトライン機能を利用したプレゼンテーションの作成

304

4 段落レベルが1つ下がります。

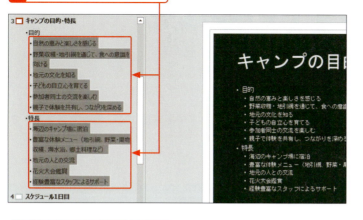

ヒント さらに段落レベルを下げるには？

Tab を1回押すごとに、段落レベルが1つずつ下がります。

メモ ショートカットメニューの利用

目的の段落を右クリックして、<レベル下げ>をクリックしても、段落レベルを下げることができます。また、<レベル上げ>をクリックすると、段落レベルを上げることができます。

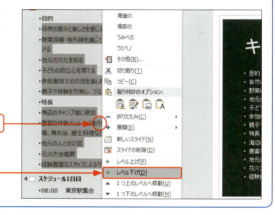

1 目的の段落を選択して右クリックし、

2 <レベル下げ>をクリックすると、段落レベルが下がります。

ステップアップ スライドのタイトルだけを表示する

アウトライン表示モードの左側のウィンドウで、スライドのテキストを非表示にしてタイトルだけ表示することを「折りたたみ」、非表示にしたテキストを再度表示させることを「展開」といいます。
スライドを折りたたむには、目的のスライドを右クリックして、<折りたたみ>をポイントし、<折りたたみ>または<すべて折りたたみ>をクリックします。また、スライドを展開するには、目的のスライドを右クリックして、<展開>をポイントし、<展開>（すべてのスライドを展開するときは<すべて展開>）をクリックします。

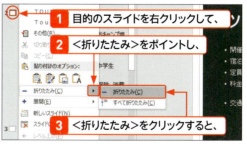

1 目的のスライドを右クリックして、

2 <折りたたみ>をポイントし、

3 <折りたたみ>をクリックすると、

4 スライドが折りたたまれます。

Section 119 スライドの順序を入れ替える

覚えておきたいキーワード
- ☑ スライドの移動
- ☑ 1つ上のレベルへ移動
- ☑ 1つ下のレベルへ移動

プレゼンテーションの構成を変えたい場合は、スライドの順序を入れ替えます。スライドの順序は、アウトライン表示モードでも変更することができます。その場合は、左側のウィンドウでスライドのアイコンを目的の位置までドラッグします。

1 スライドの順序を変更する

> **メモ　スライドの移動**
>
> アウトライン表示モードでスライドの順序を入れ替えるには、左側のウィンドウでスライドのアイコンを目的の位置までドラッグします。
> スライドをすべて折りたたんでいる状態（P.305 ステップアップ参照）でも、同じ方法でスライドの順序を入れ替えることができます。

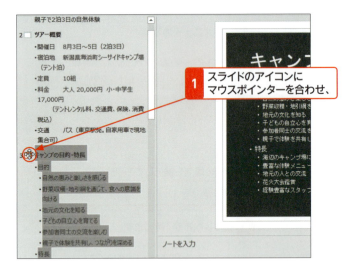

1 スライドのアイコンにマウスポインターを合わせ、

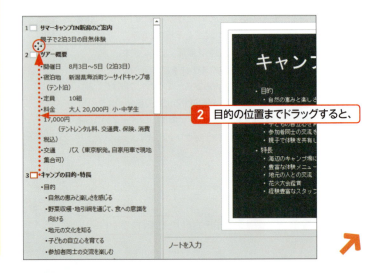

2 目的の位置までドラッグすると、

3 スライドが移動します。

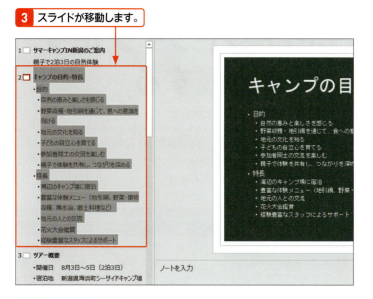

ヒント テキストを移動するには？

箇条書きの順序を入れ替えたり、文字列を移動したりするには、アウトライン表示モードの左側のウィンドウで目的の段落や文字列をドラッグして選択し、目的の位置までドラッグします。

メモ ショートカットキーの利用

スライドを折りたたんでいる場合（P.305 のステップアップ参照）は、右の手順でスライドの順序を入れ替えることができます。

1 目的のスライドを右クリックして、

2 ＜1つ上のレベルへ移動＞をクリックすると、

3 スライドが1つ上に移動します。

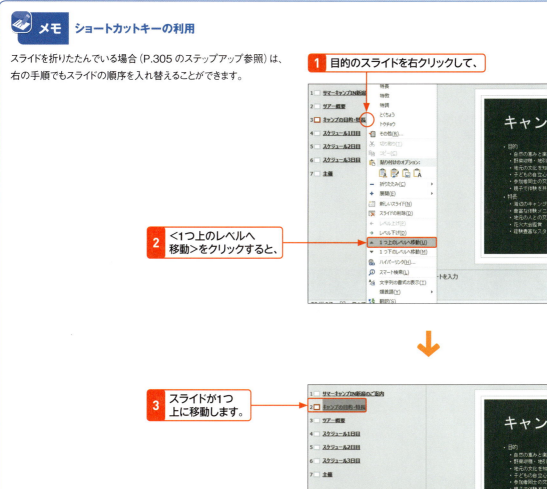

Section 120 Wordのアウトラインからスライドを作成する

覚えておきたいキーワード
☑ Word
☑ アウトライン表示
☑ アウトラインレベル

Wordでプレゼンテーションの構成を作成してある場合は、見出しの階層構造（アウトラインレベル）を設定しておけば、PowerPointに取り込んでプレゼンテーションを作成することができます。Wordで設定したアウトラインレベルが、PowerPointに段落レベルとして反映されます。

1 Word文書にアウトラインレベルを設定する

メモ アウトライン表示への切り替え

＜表示＞タブの＜アウトライン＞をクリックすると、アウトライン表示モードに切り替わり、文書が階層構造で表示されます。

1 Word文書をアウトライン表示モードで表示し、

2 アウトラインレベルを設定し、保存します。

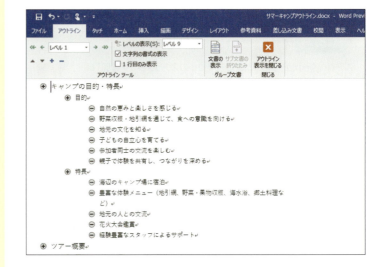

メモ アウトラインレベルの設定

「スライドタイトル」に該当する段落には＜レベル1＞、テキストの「段落レベル1」に該当する段落には＜レベル2＞、「段落レベル2」に該当する段落には＜レベル3＞というように、Word文書にアウトラインレベルを設定します。

2 アウトラインからスライドを作成する

メモ アウトラインの挿入

Wordのアウトラインからプレゼンテーションを作成するには、PowerPointの＜ホーム＞タブの＜新しいスライド＞から行います。

1 PowerPointを起動して、新規プレゼンテーションを作成し、

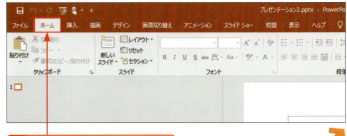

2 ＜ホーム＞タブをクリックして、

第11章 アウトライン機能を利用したプレゼンテーションの作成

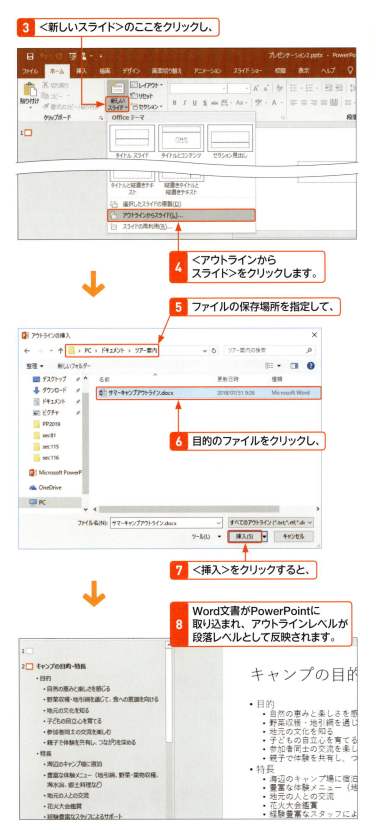

メモ 〈ファイルを開く〉ダイアログボックスの利用

〈ファイルを開く〉ダイアログボックスを利用しても、Wordのアウトラインからプレゼンテーションを作成することができます。その場合は、〈ファイル〉タブの〈開く〉をクリックして、〈参照〉をクリックします。〈ファイルを開く〉ダイアログボックスが表示されるので、下の手順に従います。

Appendix 1 1枚企画書の作成

覚えておきたいキーワード
- ☑ スライドのサイズ
- ☑ 印刷の向き
- ☑ テキストボックス

1枚企画書をはじめとするビジネス文書は、通常A4サイズで作成します。最初にスライドのサイズをA4の210mm×297mmに設定し、印刷の向きを設定します。次にテキストボックスを作成して文字列を入力したり、表、画像などを配置したりして、企画書を仕上げていきます。

1 スライドのサイズと向きを設定する

メモ スライドのテーマとレイアウト

1枚企画書の場合、プレゼンテーションのテーマは真っ白な＜Officeテーマ＞（Sec.18参照）、スライドのレイアウト（Sec.11参照）はプレースホルダーの配置されていない＜白紙＞がおすすめです。

A4サイズの縦向きに設定します。

1 新規プレゼンテーションを作成し、

2 ＜デザイン＞タブの＜スライドのサイズ＞をクリックして、

3 ＜ユーザー設定のスライドのサイズ＞をクリックします。

4 ＜スライドのサイズ指定＞のここをクリックして、

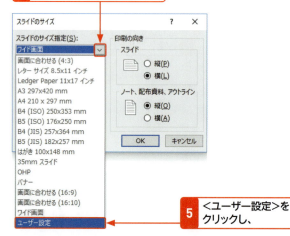

5 ＜ユーザー設定＞をクリックし、

ヒント ＜A4＞に設定すると？

手順**5**で＜A4 210×297mm＞をクリックすると、スライドの実際のサイズは210×297mmにならないので、ここでは＜ユーザー設定＞をクリックし、＜幅＞と＜高さ＞の数値を指定します。

6 <幅>に「21cm」、<高さ>に「29.7cm」と入力して、

7 <スライド>の<縦>をクリックし、

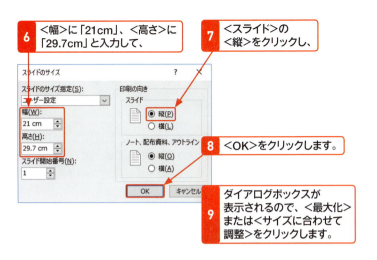

8 <OK>をクリックします。

9 ダイアログボックスが表示されるので、<最大化>または<サイズに合わせて調整>をクリックします。

> **ヒント　横向きにするには？**
>
> スライドを横向きにするには、手順7で<横>をクリックします。

> **メモ　ダイアログボックスが表示される**
>
> 手順8のあと、P.43の「ヒント」と同じダイアログボックスが表示されるので、<最大化>または<サイズに合わせて調整>をクリックします。

2 テキストボックスや画像などを配置する

1 テキストボックスでテキストを配置し、

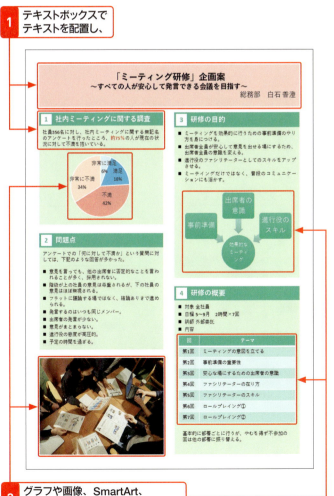

2 グラフや画像、SmartArt、表などのオブジェクトを挿入します。

> **メモ　文字列の入力**
>
> 文字列は、テキストボックス（Sec.28参照）を作成して配置します。項目ごとにテキストボックスを分けると、グループ化されて見やすくなります。

> **メモ　余白をとる**
>
> スライドの端までオブジェクトを配置すると、見づらくなったり、印刷されなくなったりするので、10mm以上の余白をとるとよいでしょう。ガイド（P.93参照）を表示して余白の目安にすると、オブジェクトを揃えて配置することができます。

> **メモ　グラフや図形、画像の配置**
>
> 文字列ばかりの企画書は読みづらく、伝わりづらいので、必要に応じてグラフ（Sec.60～65参照）や画像（Sec.66～71参照）、SmartArt（Sec.45～50参照）、表（Sec.52～59参照）などを配置します。

Appendix 2 リボンのカスタマイズ

覚えておきたいキーワード
- ☑ リボン
- ☑ タブ
- ☑ コマンド

リボンは、新しくタブを追加したり、既存のタブにコマンドを追加したりして、カスタマイズすることができます。リボンのカスタマイズは、＜PowerPointのオプション＞ダイアログボックスの＜リボンのユーザー設定＞パネルで行います。

1 リボンにコマンドを追加する

ヒント タブを非表示にするには？

特定のタブを非表示にするには、手順❸の画面の右側の一覧で、目的のタブ名をオフにします。

ヒント リボンからコマンドを削除するには？

リボンに表示されているコマンドを削除するには、手順❸の画面の右側の一覧で目的のコマンドをクリックし、＜削除＞をクリックします。タブ名やグループ名の左側の をクリックすると、そこに含まれるグループやコマンドが表示されます。

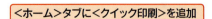
＜ホーム＞タブに＜クイック印刷＞を追加

1 タブを右クリックして、
2 ＜リボンのユーザー設定＞をクリックし、

3 ＜メインタブ＞を選択して、
4 ＜ホーム＞をクリックし、
左の「ステップアップ」参照。
5 ＜新しいグループ＞をクリックすると、

ステップアップ 新しいタブの追加

リボンに新しくタブを作成するには、手順❸の画面で＜新しいタブ＞をクリックします。

6 新しいグループが作成されます。

7 <基本的なコマンド>を選択して、

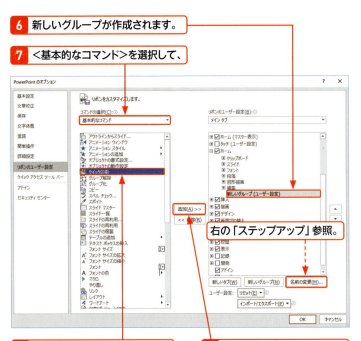

8 <クイック印刷>をクリックし、

9 <追加>をクリックすると、

10 コマンドが追加されます。

右下の「ヒント」参照。

11 <OK>をクリックすると、

12 <ホーム>タブに新しいグループと<クイック印刷>が表示されます。

ステップアップ タブ名やグループ名の変更

タブやグループの名前を変更するには、左図で目的のタブまたはグループをクリックし、<名前の変更>をクリックします。<名前の変更>ダイアログボックスが表示されるので、新しい名前を入力し、<OK>をクリックします。

メモ コマンドの選択

左図の<コマンドの選択>の▼をクリックすると、PowerPoint 2019のタブの一覧が表示されます。追加したいコマンドが配置されているタブをクリックすると、その下のリストに、該当するコマンドが表示されます。
目的のコマンドがどのタブに配置されているかわからない場合は、<コマンドの選択>で<すべてのコマンド>を選択します。

ヒント リボンを初期設定に戻すには?

カスタマイズしたリボンを初期設定に戻すには、手順⑩の画面で<リセット>をクリックし、<選択したリボン タブのみをリセット>または<すべてのユーザー設定をリセット>をクリックします。

Appendix 3 クイックアクセスツールバーのカスタマイズ

覚えておきたいキーワード
- クイックアクセスツールバー
- コマンド
- カスタマイズ

クイックアクセスツールバーは、よく使用する機能を登録できる領域です。リボンと違って常に表示されているので、よりすばやく操作できます。PowerPoint 2019で利用できる機能のほとんどは、クイックアクセスツールバーに登録することができるので、使いやすいようにカスタマイズしましょう。

1 クイックアクセスツールバーにコマンドを追加する

メモ クイックアクセスツールバーのカスタマイズ

クイックアクセスツールバーにコマンドを追加するには、<クイックアクセスツールバーのユーザー設定>をクリックすると表示されるメニューから、目的のコマンドをクリックしてオンにします。
メニューに表示されないコマンドをクイックアクセスツールバーに登録する場合は、右の手順に従います。

メモ コマンドの選択

手順4の<コマンドの選択>の をクリックすると、PowerPoint 2019のタブの一覧が表示されます。クイックアクセスツールバーに追加したいコマンドが配置されているタブをクリックすると、その下のリストに、該当するコマンドが表示されます。
目的のコマンドがどのタブに配置されているかわからない場合は、<コマンドの選択>で<すべてのコマンド>を選択します。

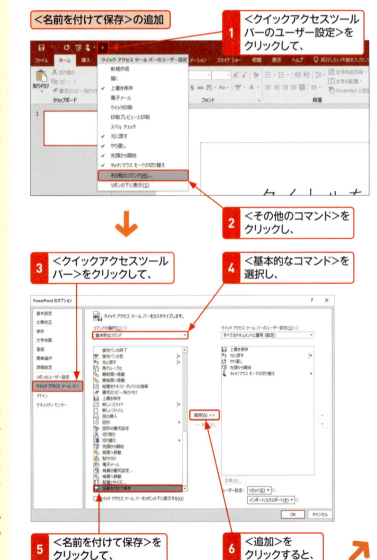

7 コマンドが追加されます。

8 ＜OK＞をクリックすると、

9 クイックアクセスツールバーに＜名前を付けて保存＞が追加されます。

ステップアップ クイックアクセスツールバーの移動

初期設定では、クイックアクセスツールバーはリボンの上に配置されていますが、P.314手順❶の画面で＜リボンの下に表示＞をクリックすると、リボンの下に移動することができます。

2 クイックアクセスツールバーからコマンドを削除する

1 削除するコマンドを右クリックして、

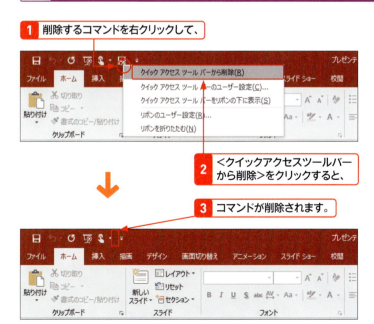

2 ＜クイックアクセスツールバーから削除＞をクリックすると、

3 コマンドが削除されます。

メモ コマンドの削除

クイックアクセスツールバーに登録したコマンドを削除するには、目的のコマンドを右クリックしてショートカットメニューを表示し、＜クイックアクセスツールバーから削除＞をクリックします。
また、＜クイックアクセスツールバーのユーザー設定＞をクリックして表示されるコマンドをオン／オフすることでも、コマンドを登録／削除できます。

索引

数字

1行目のインデント	79
1枚企画書	310
2段組み	76
3Dモデル	4

英字

Bing	167
Excel	148,162
Office	24
Officeクリップボード	103
Officeテーマ	62,310
OneDrive	56,260
PDF	194,276
PowerPoint	24
PowerPoint 2019を起動	26
PowerPoint 2019を終了	27
PowerPoint Online	261
ppt	57
pptx	57
SmartArt	120,216
SmartArtにアニメーション	216
SmartArtに図形を追加	124
SmartArtのスタイル	126
SmartArtを図形に変換	130
SmartArtを挿入	122
SmartArtをテキストに変換	129
SVGファイル	5
thmx	295
Webページ	196
Word	194,308

あ行

アート効果	174
アイコン	4
アウトライン	298
アウトラインの印刷	272
アウトライン表示モード	31,299
明るさ	172,175,188
新しいスライド	46
圧縮	257
アニメーション効果	202,208
アニメーション効果の種類	209
アニメーション効果の方向	209
アニメーション効果を繰り返す	214
アニメーションの軌跡	222
アニメーションのコピー/貼り付け	226
アニメーションの再生順序	209
アニメーションの速度	210
アニメーションのタイミング	210
アプリケーションの自動修復	255
インクエディター	4
印刷	264
印刷範囲	265
印刷プレビュー	266
インデント	79
インデントマーカー	79
埋め込みオブジェクト	194
上書き保存	56
閲覧表示モード	31
オーディオ	180
オブジェクト	194
オブジェクトの選択と表示	115
折りたたみ	305
音楽	180
オンライン画像	167
オンラインプレゼンテーション	256
音量	190

か行

ガイド	93
拡張子	57
箇条書き	68
下線	75
画像	166,292
画像にスタイル	178
画像の背景を削除	176
画像を差し替え	179
画像を挿入	166
画像をトリミング	170
画像をレタッチ	172
画面切り替え効果	202
画面切り替え効果のスピード	206
画面切り替え効果を削除	205
画面構成	28
軌跡	222
既定の図形に設定	132
起動	26
旧バージョン	57
行	134
行間	83
行頭記号	68
行頭の位置	79

行の削除	139	新規プレゼンテーション	42
行の高さ	140	ズーム	5
共有	261	ズームスライダー	28
行を選択	138	スクリーンショット	168
行を追加	138	図形	92
曲線	95	図形の移動	102
均等割り付け	82	図形の色	109
クイックアクセスツールバー	28,314	図形の大きさの変更	104
グラデーション	110	図形の重なり順	114
グラフ	150,218	図形の間隔	116
グラフスタイル	160	図形の形状の変更	105
グラフタイトル	154	図形の効果	111
グラフにアニメーション	218	図形のコピー	102
グラフの軸	158	図形の種類の変更	105
グラフの種類	150	図形のスタイル	111
グラフ要素	151,154	図形の塗りつぶし	109
グラフを挿入	152	図形の配置	116
クリエイティブ・コモンズ・ライセンス	167	図形の反転	107
繰り返し	37	図形の枠線	108
グリッド線	93	図形への文字列の入力	112
グループ化	119	図形を回転	106
グレースケール	268	図形を描く	98
罫線	144	図形をグループ化	119
結合	118	図形を結合	118
効果	111,179,189	図形を削除	98
効果のオプション	203,210	図形を整列	117
互換性チェック	57	図形を追加	124
互換性の最適化	257	スタイル	65,75,111,126,135,160,178,189,290
コネクタ	101	ステータスバー	28
コピー	53,102,148,162,226	図の効果	179
コマンド	28,312	図のスタイル	178
コンテンツ	46	図の挿入	166
コントラスト	172,175,188	図の変更	179
		図表	122

さ行

最近使ったアイテム	60	スマートガイド	117
サウンド	207	スマート検索	40
サブタイトル	45	スライド	29
サムネイルウィンドウ	28	スライド一覧表示モード	31,51
軸ラベル	155	スライドウィンドウ	28
時刻	86	スライド切り替えのタイミング	238
自動調整オプション	76	スライドショーの記録	236
自動的に切り替え	206	スライドショーの終了	243
シャープネス	173	スライドショーの進行	242
斜体	75	スライドショーを実行	240
修整	172	スライドの切り替え	202
終了	27	スライドのコピー	53
		スライドのサイズ	43,310

索引

スライドの削除	55
スライドの順序	50,306
スライドの挿入	46
スライドのタイトル	48
スライドのテキスト	49
スライドの表示	29
スライドの複製	52
スライドのレイアウト	47,286
スライド番号	87
スライドマスター	280
スライドマスターの挿入	284
スライドマスターの編集	283
スライドマスター表示	282
スライドマスターを削除	284
スライドを印刷	264
正方形	99
セクション	90
セル	134
セルの結合	142
セルの選択	142
セルの塗りつぶしの色	145
セルの分割	143
線	94
線の種類	108
線の太さ	108
操作アシスト	40
ソフトネス	173

た行

ダイアログボックス	32
タイトル	48
タイトルスライド	44
タイトルバー	28
タイミング	238
楕円	98
多角形	100
タスクマネージャー	253
タッチモード	35
縦書き	77,137
タブ	28,312
タブ位置	80
タブマーカー	81
段組み	76
段落の配置	82
段落番号	69
段落レベル	78,214,304
中央揃え	82
長方形	99
直線	94
データ	153
データ系列	151
データマーカー	151
データラベル	156
テーマ	42,62,72,280,294
テーマを変更	62
テーマを保存	294
テキスト	49
テキストボックス	84
テキストをSmartArtに変換	128
展開	305
テンプレート	296
動画	182
動画の音量	190
動画をトリミング	184
動画をレタッチ	188
動作設定ボタン	198
透明度	66
閉じる	58
取り消し線	75
トリミング	170,184

な行

名前を付けて保存	56
ナレーション	236
ノートウィンドウ	234
ノートの印刷	268
ノート表示モード	31,234,235
ノートマスター	281

は行

パーセンテージ	156
背景	65,290
背景に画像	66
配色	64
配置	82,116,137
ハイパーリンク	168,196
配布資料	270
配布資料の印刷	267
配布資料マスター	281
発表者ツール	240
バリエーション	43,63
貼り付け	54,148,163
貼り付けのオプション	54,148,163
左インデント	79

左揃え	82	ペン	4, 244
日付	86, 270	変形	5
ビデオ	182, 274	ペンの色	144
ビデオスタイル	189	ペンのスタイル	144
ビデオの効果	189	ペンの太さ	144
ビデオの挿入	182	ぼかし	179
ビデオのトリミング	186	保存	56, 260
非表示スライド	251		

ま行

マウスモード	35
右揃え	82
見出し	72
ミニツールバー	71
ムービー	274
メディアの圧縮	257
メディアの最適化	257
文字の影	75
文字列の方向	77
元に戻す	36
モノクロで印刷	268

描画モードのロック	99
表紙画像	192
表示モード	30
標準表示モード	30
表の位置	147
表の罫線	144
表のサイズ	146
表の削除	139
表のスタイル	135
表の挿入	134
開く	60
フェードアウト	191
フェードイン	191
フォトアルバム	200
フォント	70
フォントサイズ	71
フォントの色	74
フォントパターン	72
複製	52
フッター	86, 269
太字	75
ぶら下げインデント	79
フリーフォーム	100
プレースホルダー	29, 44
プレースホルダーの位置を変更	289
プレースホルダーの大きさを変更	288
プレースホルダーの削除	287
プレースホルダーの挿入	287
プレゼンテーション	24, 29
プレゼンテーションを作成	42
プレゼンテーションを閉じる	58
プレゼンテーションを開く	60
プレゼンテーションを保存	56
プログラムの修復	254
プロジェクター	240
ブロック矢印	97
ページ番号	270
ヘッダー	86, 269
ヘルプ	40

や行

矢印	96
やり直し	37
ユーザー設定パス	224

ら行・わ行

ライセンス認証	27
リハーサル	238
リボン	28, 32, 312
両端揃え	82
リンク	168, 196
リンク貼り付け	149, 164
ルーラー	79, 80
レイアウト	46
レイアウトの挿入	286
レイアウトマスター	281
レーザーポインター	262
列	134
列の削除	139
列の幅	140
列を選択	138
列を追加	138
レベル	124
録音	236, 246
ワークシート	153
ワードアート	88

■ お問い合わせについて

本書に関するご質問については、本書に記載されている内容に関するもののみとさせていただきます。本書の内容と関係のないご質問につきましては、一切お答えできませんので、あらかじめご了承ください。また、電話でのご質問は受け付けておりませんので、必ずFAXか書面にて下記までお送りください。
なお、ご質問の際には、必ず以下の項目を明記していただきますようお願いいたします。

1　お名前
2　返信先の住所またはFAX番号
3　書名（今すぐ使えるかんたん PowerPoint 2019）
4　本書の該当ページ
5　ご使用のOSとソフトウェアのバージョン
6　ご質問内容

なお、お送りいただいたご質問には、できる限り迅速にお答えできるよう努力いたしておりますが、場合によってはお答えするまでに時間がかかることがあります。また、回答の期日をご指定なさっても、ご希望にお応えできるとは限りません。あらかじめご了承くださいますよう、お願いいたします。

■ 問い合わせ先

〒162-0846
東京都新宿区市谷左内町21-13
株式会社技術評論社　書籍編集部
「今すぐ使えるかんたん PowerPoint 2019」質問係
FAX番号　03-3513-6167
https://book.gihyo.jp/116

■ お問い合わせの例

FAX

1　お名前
　　技術　太郎

2　返信先の住所またはFAX番号
　　03-XXXX-XXXX

3　書名
　　今すぐ使えるかんたん
　　PowerPoint 2019

4　本書の該当ページ
　　210ページ

5　ご使用のOSとソフトウェアのバージョン
　　Windows 10
　　PowerPoint 2019

6　ご質問内容
　　手順2のアニメーション効果の再生順序が表示されない。

※ご質問の際に記載いただきました個人情報は、回答後速やかに破棄させていただきます。

今すぐ使えるかんたん PowerPoint 2019

2019年2月28日　初版　第1刷発行

著　者●技術評論社編集部＋稲村暢子
発行者●片岡　巌
発行所●株式会社 技術評論社
　　　　東京都新宿区市谷左内町21-13
　　　　電話　03-3513-6150　販売促進部
　　　　　　　03-3513-6160　書籍編集部
装丁●田邉　恵里香
本文デザイン●リンクアップ
DTP●稲村　暢子
編集●伊藤　鮎
製本／印刷●大日本印刷株式会社

定価はカバーに表示してあります。

落丁・乱丁がございましたら、弊社販売促進部までお送りください。交換いたします。
本書の一部または全部を著作権法の定める範囲を超え、無断で複写、複製、転載、テープ化、ファイルに落とすことを禁じます。

©2019　技術評論社

ISBN978-4-297-10097-1 C3055
Printed in Japan